U0226817

编委会

液压与气压传动实训

YEYA YU QIYA CHUANDONG SHIXUN

高等职业院校实训系列教材

主　编　杨　龙

副主编　张映梅

图书在版编目（CIP）数据

液压与气压传动实训 / 杨龙主编. -- 兰州 : 兰州大学出版社, 2024. 8. --（高等职业院校实训系列教材 / 赵彦军，张德龙总主编）. -- ISBN 978-7-311-06699-4

Ⅰ. TH137；TH138

中国国家版本馆 CIP 数据核字第 2024VX1323 号

责任编辑　冯宜梅
封面设计　倪德龙

书　　名　液压与气压传动实训
作　　者　杨　龙　主　编
出版发行　兰州大学出版社　（地址:兰州市天水南路222号　730000）
电　　话　0931-8912613(总编办公室)　0931-8617156(营销中心)
网　　址　http://press.lzu.edu.cn
电子信箱　press@lzu.edu.cn
印　　刷　兰州银声印务有限公司
开　　本　787 mm×1092 mm　1/16
印　　张　10
字　　数　191千
版　　次　2024年8月第1版
印　　次　2024年8月第1次印刷
书　　号　ISBN 978-7-311-06699-4
定　　价　38.00元

Preface 前言

《液压与气压传动实训》是根据国务院印发的《国家职业教育改革实施方案》指导精神及教育部颁布的《高等职业学校专业教学标准》，参考浙江天煌科技实业有限公司编写的《液压与气压传动实训手册》编著而成。

本书是高等职业院校实训系列教材，编写理念注重学生实践操作技能的培养。在教材编写体系上，按照“任务介绍—任务分析—相关知识—实践操作—思考与练习”的思路，力求在实际可操作性上有所突破。所选实训内容本着循序渐进、综合提高的原则，既保证知识的系统性，又适当拓宽知识面，指导学生在完成实训任务后，进一步加深其对液压与气压传动知识的理解和对工作原理的掌握。

为了增强学生学习兴趣，本书液压实训部分每个实训任务都配置了演示视频，学生可通过扫描相应的二维码进行观看。

全书共有5个项目，18个任务，由甘肃机电职业技术学院杨龙老师担任主编、制订内容框架，并编写每个项目的思政讲堂及项目一，甘肃机电职业技术学院张映梅老师担任副主编，并编写项目五，甘肃机电职业技术学院杨莉老师和王立永老师分别编写项目二和项目三，浙江天煌科技实业有限公司张晓通编写项目四。

本书由浙江天煌科技实业有限公司教授级高级工程师黄华圣担任主审。本书编写过程中得到了兰州大学出版社编辑的精心指导，在录制视频过程中得到了甘肃机电职业技术学院王敬忠同学的大力协助，在此一并表示感谢！

由于编者水平有限，书中难免存在不足，恳请读者批评指正。

编　者

本教材配套微课资源使用说明

针对本教材配套微课资源的使用，特做如下说明：本教材配套的微课资源以二维码形式呈现，手机扫描即可进行相应知识点的学习。

具体微课名称及扫码位置如下：

序号	微课名称	扫码位置
1	变量泵——一级调压回路安装与调试	第3页
2	定量泵——二级调压回路安装与调试	第10页
3	回油冷却回路安装与调试	第18页
4	减压回路安装与调试	第27页
5	换向阀卸荷回路安装与调试	第36页
6	平衡回路安装与调试	第44页
7	顺序动作回路安装与调试	第52页
8	差动连接回路安装与调试	第62页
9	换向回路安装与调试	第70页
10	锁紧回路安装与调试	第78页
11	单向节流阀进油节流调速回路安装与调试	第95页
12	调速阀双向回油节流调速回路安装与调试	第102页

Contents 目录

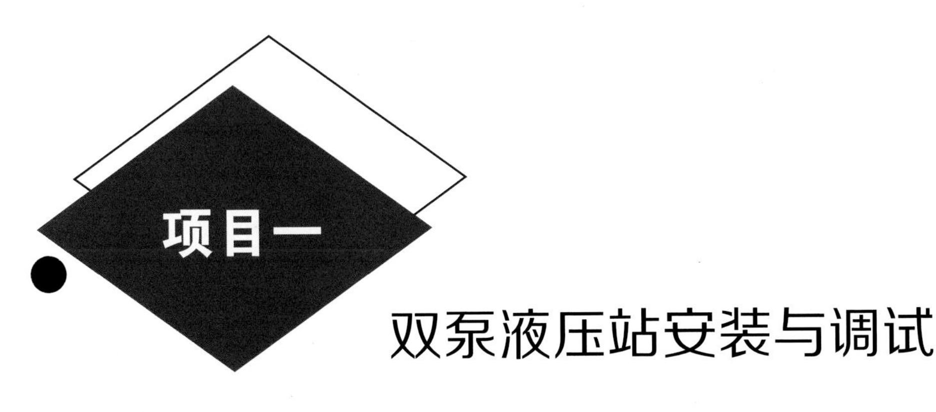

项目一 双泵液压站安装与调试

思政讲堂

液压领域知名专家杨华勇院士，是我国盾构装备自主设计制造关键技术及产业化领军人物，是推动盾构机国产化的关键人物。盾构机被称为工程机械之王，它的绝大部分工作机构主要由液压系统驱动来完成，液压系统可以说是盾构机的心脏。杨华勇院士经过十几年的艰辛探索，成功打破国外的垄断，设计制造出中国自主创新的国产盾构机，并使其技术及质量紧跟世界先进水平，为我国基础设施大规模建设提供了坚实的技术和设备保障。

实训目标

（1）认识吸油过滤器、变量叶片泵、高压滤油器、耐震压力表、单向阀、直动式溢流阀、先导式溢流阀、二位三通电磁换向阀、冷却器、二位四通电磁换向阀、液压缸等液压元件实物及其符号。

（2）熟悉吸油过滤器、变量叶片泵、高压滤油器、耐震压力表、单向阀、直动式溢流阀、先导式溢流阀、二位三通电磁换向阀、冷却器、二位四通电磁换向阀、液压缸等等液压元件工作原理。

（3）掌握一、二级调压回路及液压油冷却回路的工作原理及特点。

（4）熟悉实训设备、液压元件、管路、电气控制回路等的连接、固定方法和操作规则。

任务一　变量泵——一级调压回路

任务介绍

一、实训目的

（1）认识吸油过滤器、变量叶片泵、高压滤油器、耐震压力表、单向阀、直动式溢流阀等液压元件的实物及其符号；

（2）熟悉吸油过滤器、变量叶片泵、高压滤油器、耐震压力表、单向阀、直动式溢流阀等液压元件的工作原理；

（3）掌握一级调压回路的工作原理及特点；

（4）熟悉实训设备、液压元件、管路、电气控制回路等的连接、固定方法和操作规则。

二、实训器材

（1）THPHDW-02工业双泵液压站；

（2）直动式溢流阀；

（3）单向阀；

（4）油管及连接导线若干；

（5）内六角扳手。

任务分析

根据实训任务要求，掌握液压元件的符号及工作原理，能够根据变量泵——一级调压回路原理图，使用对应的液压元件搭建液压回路，并能熟练地调试一级调压回路。

相关知识

液压元件

（1）变量叶片泵

变量叶片泵是一种常用的液压油泵，具有噪声低、工作效率高、造价相对较低等优点。散热型变量叶片泵是一种典型的变量叶片泵，比普通的叶片泵具有更多的优点，散热性好，高温环境下使用更利于降低变量叶片泵中的热量，保护变量叶片泵和电机不被高温烧坏。

（2）直动式溢流阀

直动式溢流阀主要由阀体、阀芯、调压弹簧和调压螺钉（或称手柄）组成。在常态下，阀芯在调压弹簧的作用下紧贴在阀座上，进油口P和出油口T是不通的（即溢流阀为常闭型）。

实践操作

变量泵——一级调压回路如图1-1所示。

变量泵——一级调压回路安装与调试

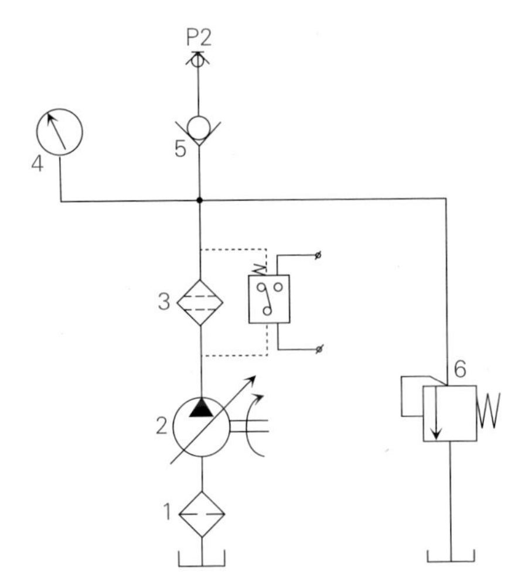

图　1-1　变量泵——一级调压回路示意图

1—吸油过滤器　2—变量叶片泵　3—高压滤油器

4—耐震压力表　5—单向阀　6—直动式溢流阀

1.液压回路的连接

（1）根据图1-1变量泵——一级调压回路的结构和组成，在THPHDW-02工业双泵液压站上安装单向阀和直动式溢流阀，如图1-2所示，并检查其功能是否完好。

图1-2　液压阀的安装位置

（2）根据图1-1所示变量泵——一级调压回路工作原理，连接并固定管件。

（3）确认管件连接处密封性是否良好。

2.液压系统调试

（1）将直动式溢流阀逆时针旋松。

（2）将泵站启动总开关打到手动。

（3）将叶片泵启动开关打开。

（4）先旋紧直动式溢流阀调节手柄，再旋松，重复操作几次，观察耐震压力表的示值变化情况。

（5）将压力固定在某一值后，旋紧调节手柄上的紧固螺母，完成系统压力调定。

（6）观察耐震压力表的示值是否稳定，整个系统是否稳定。

3.恢复设备

（1）先旋松直动式溢流阀调节手柄上的锁紧螺母，再将调节手柄逆时针旋转进行卸荷。

（2）关闭叶片泵启动开关。

（3）拆卸所搭接的液压管件，并将液压元件、油管等整理归位。

4.工艺要求及注意事项

（1）液压元件安装要牢固，不能出现松动。

（2）安装前检查液压阀密封圈有无脱落，是否过度磨损、老化、失去弹性等。

（3）管路连接要可靠，油管快速接口接入要牢固。

（4）管路走向要合理，避免管路交叉。

（5）操作过程要安全、文明、规范。

思考与练习

根据此实训任务尝试完成二级调压回路的设计。

任务一工单　一级调压回路

1.任务分组

班级		组号		指导老师	
组长		学号			
小组成员	姓名	学号	角色分工		
			监护人员		
			操作人员		
			记录人员		
			评分人员		

2.任务准备清单

任务内容	任务要求	验收方式
熟悉液压元件	(1)掌握变量叶片泵的工作原理、图形符号、实物元件； (2)掌握直动式溢流阀的工作原理、图形符号、实物元件； (3)掌握单向阀的图形符号、实物元件； (4)掌握液压回路元件名称、作用； (5)初步掌握液压回路的分析方法。	材料提交
一级调压回路的安装与调试	(1)操作过程符合安全操作规范； (2)回路安装要正确、完整、安全、可靠； (3)系统压力的调定。	成果展示

3.任务实施清单

任务	内容
写出变量叶片泵的工作原理，并画出图形符号	

任务	内容
写出直动式溢流阀的工作原理,并画出图形符号	
写出单向阀的工作原理,并画出图形符号	
分析图 1-1 所示变量泵——一级调压回路	
根据此实训任务尝试二级调压回路的设计	

4.安装调试记录单

主要内容	实施情况	完成情况
工具准备		
液压元件选用及检查		
一级调压回路安装调试		
恢复设备		

5. 检查记录工作单

检查项目	检查内容	评分标准		记录
资讯确认清单检查	内容准确、完备	完美	3分	
		完成	2分	
		完成一部分	1分	
		未完成	0分	
安装调试检查	安装调试记录单完成情况	酌情给分	1分	
	元件安装情况(元件安装是否牢固,元件选用是否错误,是否存在漏接、脱落、漏油)	酌情给分	3分	
	布线情况(布局是否合理、长度是否合理、有无扎绑或扎绑不到位)	酌情给分	1分	
	油路情况(油路是否通畅、调试是否正确)	酌情给分	1分	
文明实训	工具、元器件是否整齐摆放;是否及时清理工位;是否遵守劳动纪律;是否遵循操作规范;是否具有安全操作意识	酌情给分	1分	
成绩合计				

6. 实训中存在的问题及改进

任务二　定量泵——二级调压回路

任务介绍

一、实训目的

（1）认识先导式溢流阀、二位三通电磁换向阀等液压元件的实物及其符号；

（2）熟悉先导式溢流阀、二位三通电磁换向阀等液压元件的工作原理；

（3）掌握二级调压回路的工作原理及特点；

（4）熟悉实训设备、液压元件、管路、电气控制回路等的连接、固定方法和操作规则。

二、实训器材

（1）THPHDW-01液压与气动综合实训平台；

（2）THPHDW-02工业双泵液压站；

（3）直动式溢流阀；

（4）先导式溢流阀；

（5）单向阀；

（6）二位三通电磁换向阀；

（7）油管及连接导线若干；

（8）内六角扳手。

任务分析

根据实训任务要求，掌握液压元件的符号及工作原理，能够根据定量泵——二级调压回路原理图，使用对应的液压元件搭建液压回路，并能熟练地调试定量泵——二级调压回路。

相关知识

液压元件

（1）定量柱塞泵

柱塞泵是液压系统的一个重要装置。它依靠柱塞在缸体中往复运动，使密封工作容腔的容积发生变化来实现吸油、压油。柱塞泵具有额定压力高、结构紧凑、效率高和流量调节方便等优点。

（2）先导式溢流阀

先导式溢流阀，作用于主阀芯及先导阀芯的测压面上，由先导阀和主阀构成。

实践操作

定量泵——二级调压回路图1-3所示。

定量泵——二级调压回路安装与调试

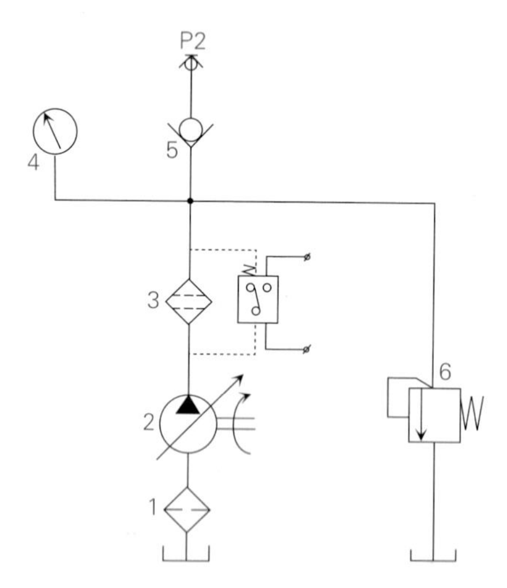

图1-3　定量泵——二级调压回路示意图

1—吸油过滤器　2—变量叶片泵　3—高压滤油器

4—耐震压力表　5—单向阀　6—直动式溢流阀

1.液压回路的连接

（1）根据图1-3定量泵——二级调压回路的结构和组成，在THPHDW-02工业双泵液压站上安装液压元件（如图1-4所示），并检查其功能是否良好。

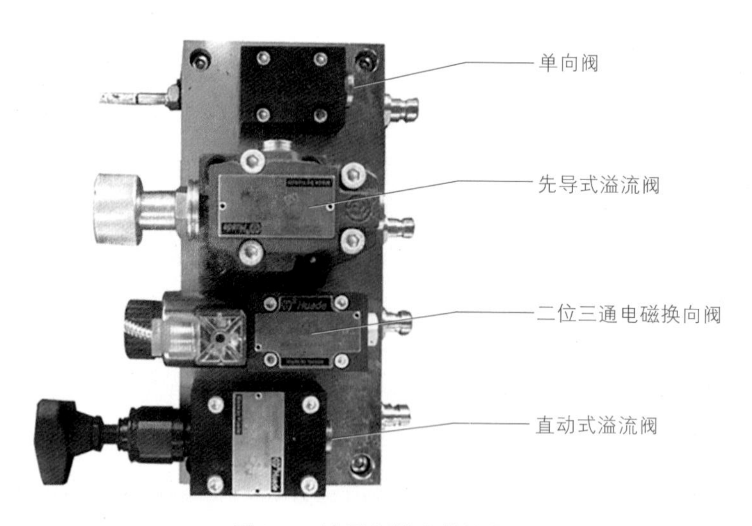

图1-4　液压阀的安装位置

（2）根据图1-3定量泵——二级调压回路工作原理，连接并固定管件。

（3）确认管件连接处密封性是否良好。

2.连接泵站控制阀

在THPHDW-01液压与气动综合实训平台的电气操作面板上找到泵站控制阀电源接口，给其接入24 V直流电源，通过按钮控制二位三通电磁换向阀的换向。电气控制原理图如图1-5所示。

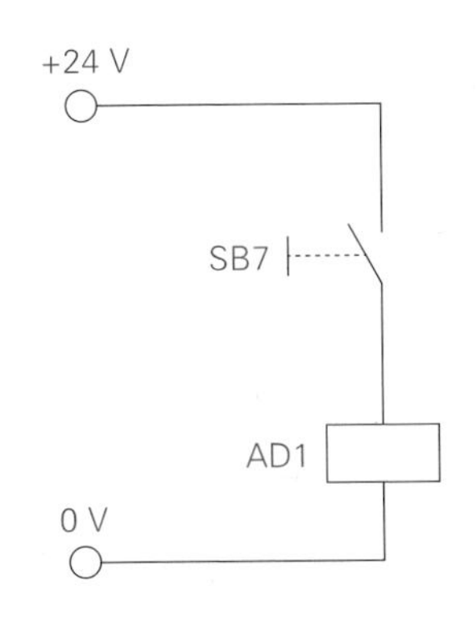

图1-5　二位三通电磁换向阀换向电气控制原理图

3.液压系统调试

（1）将先导式溢流阀和直动式溢流阀逆时针旋松。

（2）给泵站控制阀供电，使二位三通电磁换向阀处于右位。

（3）将泵站启动总开关打到手动。

（4）打开柱塞泵启动开关。

（5）先旋紧先导式溢流阀调节手柄，再旋松，重复操作几次，观察耐震压力表的示值变化情况（注意耐震压力表的示值调节小于8 Mpa）。

（6）将压力固定在某一值后，旋紧调节手柄上的紧固螺母，完成一级调压。

（7）给泵站控制阀断电，使二位三通电磁换向阀处于左位。

（8）旋紧直动式溢流阀调节手柄，再旋松，重复操作几次，观察耐震压力表的示值变化情况（二级压力总是低于一级压力）。

（9）将压力固定在某一值后，旋紧调节手柄上的紧固螺母，完成二级调压。

（10）观察耐震压力表的示值是否稳定，整个系统是否稳定。

4.恢复设备

（1）先旋松直动式溢流阀调节手柄上的锁紧螺母，再将调节手柄逆时针旋转进行卸荷。

（2）用同样的方法，旋松先导式溢流阀调节手柄上的锁紧螺母，再将调节手柄逆时针旋转进行卸荷。

（3）关闭柱塞泵启动开关。

（4）拆卸所搭接的液压管件，并将液压元件、油管等整理归位。

5.工艺要求及注意事项

（1）液压元件安装要牢固，不能出现松动。

（2）安装前检查液压阀密封圈有无脱落，是否过度磨损、老化、失去弹性等。

（3）管路连接要可靠，油管快速接口接入要牢固。

（4）管路走向要合理，避免管路交叉。

（5）操作过程要安全、文明、规范。

思考与练习

根据此实训任务尝试设计三级调压回路。

任务二工单　二级调压回路

1.任务分组

班级		组号		指导老师	
组长		学号			
小组成员	姓名	学号	角色分工		
			监护人员		
			操作人员		
			记录人员		
			评分人员		

2.任务准备清单

任务内容	任务要求	验收方式
熟悉液压元件	(1)掌握定量柱塞泵的工作原理、图形符号、实物元件； (2)掌握先导式溢流阀的工作原理、图形符号、实物元件； (3)熟悉二位三通电磁换向阀的图形符号、实物元件； (4)掌握液压回路元件名称、作用； (5)初步掌握液压回路的分析方法。	材料提交
二级调压回路的安装与调试	(1)操作过程符合安全操作规范； (2)回路安装要正确、完整、安全、可靠； (3)分别调节出一级压力和二级压力。	成果展示

3.任务实施清单

任务	内容
写出定量柱塞泵的工作原理，并画出图形符号	

任务	内容
写出先导式溢流阀的工作原理，并画出图形符号	
写出二位三通电磁换向阀的工作原理，并画出图形符号	
分析图 1-3 所示定量泵——二级调压回路	
根据此实训任务尝试三级调压回路的设计	

4. 安装调试记录单

主要内容	实施情况	完成情况
工具准备		
液压元件 选用及检查		
二级调压回路和 电气控制部分的 安装调试		
恢复设备		

5. 检查记录工作单

<table>
<tr><th>检查项目</th><th>检查内容</th><th colspan="2">评分标准</th><th>记录</th></tr>
<tr><td rowspan="4">资讯确认清单检查</td><td rowspan="4">内容准确、完备</td><td>完美</td><td>3分</td><td rowspan="4"></td></tr>
<tr><td>完成</td><td>2分</td></tr>
<tr><td>完成一部分</td><td>1分</td></tr>
<tr><td>未完成</td><td>0分</td></tr>
<tr><td rowspan="4">安装调试检查</td><td>安装调试记录单完成情况</td><td>酌情给分</td><td>1分</td><td></td></tr>
<tr><td>元件安装情况(元件安装是否牢固,元件选用是否错误,是否存在漏接、脱落、漏油)</td><td>酌情给分</td><td>3分</td><td></td></tr>
<tr><td>布线情况(布局是否合理、长度是否合理、有无扎绑或扎绑不到位)</td><td>酌情给分</td><td>1分</td><td></td></tr>
<tr><td>油路情况(油路是否通畅、调试是否正确)</td><td>酌情给分</td><td>1分</td><td></td></tr>
<tr><td>文明实训</td><td>工具、元器件是否整齐摆放;是否及时清理工位;是否遵守劳动纪律;是否遵循操作规范;是否具有安全操作意识</td><td>酌情给分</td><td>1分</td><td></td></tr>
<tr><td colspan="4">成绩合计</td><td></td></tr>
</table>

6. 实训中存在的问题及改进

任务三　回油冷却回路

任务介绍

一、实训目的

（1）认识冷却器、二位四通电磁换向阀、液压缸等液压元件的实物及其符号；

（2）熟悉冷却器、二位四通电磁换向阀、液压缸等液压元件的工作原理；

（3）掌握液压油冷却回路的工作原理及特点；

（4）熟悉实训设备、液压元件、管路、电气控制回路等的连接、固定方法和操作规则。

二、实训器材

（1）THPHDW-02工业双泵液压站；

（2）直动式溢流阀；

（3）单向阀；

（4）油管及连接导线若干；

（5）内六角扳手。

任务分析

根据实训任务要求，掌握液压元件的符号及工作原理，能够根据回油冷却回路原理图，使用对应的液压元件搭建液压回路，并能熟练地调试回油冷却回路。

相关知识

液压元件

（1）冷却器

冷却器是换热设备的一类，用以冷却流体，通常用水或空气为冷却剂除去热量。其主要可以分为列管式冷却器、板式冷却器和风冷式冷却器。冷却器是冶金、化工、能源、交通、轻工、食品等工业部门普遍采用的热交换装置。

（2）液压缸

液压缸的工作原理是基于帕斯卡原理，即液体在密闭容器内传递压力的原理。液压缸主要由缸筒、活塞杆、活塞、密封组件、缓冲装置与排气装置等组成，其中缓冲装置与排气装置视具体应用场景而定，其他装置则必不可少。

实践操作

回油冷却回路如图1-6所示。

回油冷却回路
安装与调试

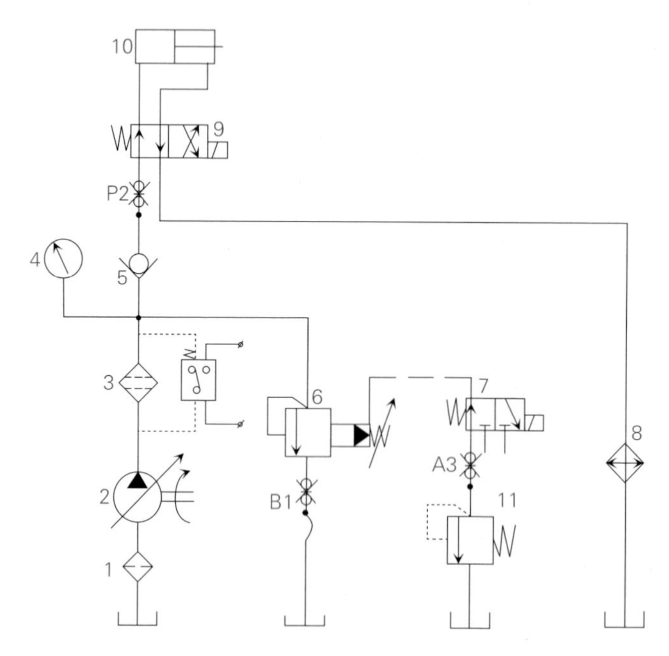

图1-6　回油冷却回路示意图

1—吸油过滤器　2—定量柱塞泵　3—高压过滤器　4—压力表
5—单向阀　6—先导式溢流阀　7—二位三通电磁换向阀　8—冷却器
9—二位四通电磁换向阀　10—液压缸　11—直动式溢流阀

1.液压回路的连接

（1）根据图1-6所示的回油冷却回路的结构和组成，在THPHDW-02工业双泵液压站上安装液压元件，并检查其功能是否良好。

（2）根据图1-6所示的回油冷却回路，在THPHDW-01液压与气动综合实训平台上安装液压元件，并检查其功能是否良好。

（3）根据图1-6所示的回油冷却回路工作原理，连接并固定管件。

（4）确认管件连接处密封性是否良好。

2.电气部分连接

（1）在THPHDW-01液压与气动综合实训平台电气操作面板找到泵站控制阀、冷却风扇电源接口，给其接入24 V直流电源，通过按钮控制二位三通电磁换向阀的换向与冷却风扇的启停。电气控制原理图如图1-7所示。

（2）给二位四通电磁换向阀接入24 V直流电源，通过按钮控制其换向。电气控制原理图如图1-8所示。

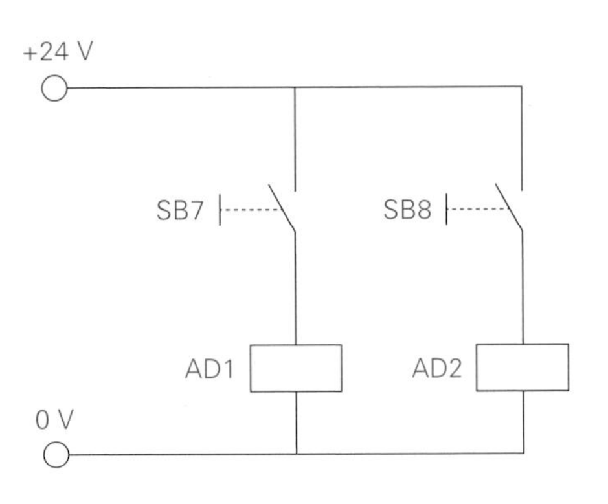

图 1-7　二位三通电磁换向阀换向及冷却风扇启停电气控制原理图

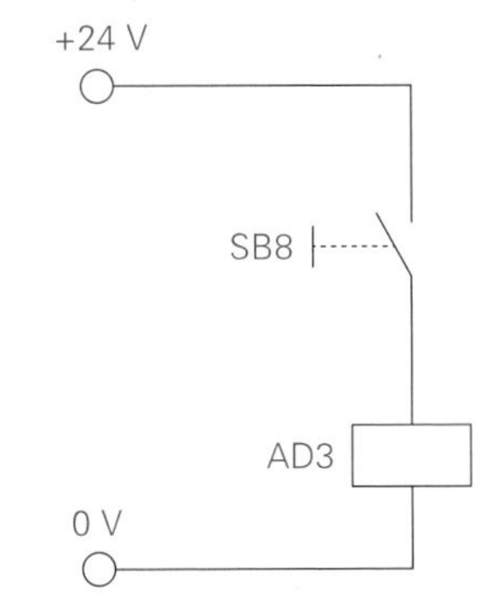

图 1-8　二位四通电磁换向阀换向电气控制原理图

3. 液压系统调试

（1）根据任务二安装调试双泵液压站，并调定系统压力。

（2）给泵站控制阀供电，使二位三通电磁换向阀处于右位，耐震压力表显示一级压力。

（3）给泵站控制阀断电，使二位三通电磁换向阀处于左位，耐震压力表显示二级压力。

（4）给二位四通电磁换向阀断电，使二位四通电磁换向阀处于左位，液压缸伸出。

（5）给二位四通电磁换向阀通电，使二位四通电磁换向阀处于右位，液压缸缩回。

（6）给冷却风扇通电，对回油路的液压油进行冷却。

（7）观察耐震压力表的示值是否稳定，整个系统是否稳定。

（8）观察温度表的示值变化情况，确定液压系统油箱的温度情况。

4. 恢复设备

（1）对THPHDW-02工业双泵液压站进行卸荷。

（2）关闭柱塞泵启动开关。

（3）关闭冷却风扇启动按钮。

（4）先关闭THPHDW-01液压与气动综合实训平台220 V和24 V总电源，再拆除电气操作面板导线并将其整理归位。

（5）拆卸所搭接的液压管件，并将液压元件、油管等整理归位。

5. 工艺要求及注意事项

（1）液压元件安装要牢固，不能出现松动。

（2）安装前检查液压阀密封圈有无脱落，是否过度磨损、老化、失去弹性等。

（3）管路连接要可靠，油管快速接口接入要牢固。

（4）管路走向要合理，避免管路交叉。

（5）操作过程要安全、文明、规范。

思考与练习

根据此实训任务尝试设计其他形式的冷却回路。

任务三工单　回油冷却回路

1. 任务分组

班级		组号		指导老师	
组长		学号			
小组成员	姓名	学号	角色分工		
			监护人员		
			操作人员		
			记录人员		
			评分人员		

2. 任务准备清单

任务内容	任务要求	验收方式
熟悉液压元件	(1)掌握冷却器的工作原理、图形符号、实物元件; (2)掌握液压缸的分类、工作原理、图形符号、实物元件; (3)掌握二位四通电磁换向阀的工作原理、图形符号、实物元件; (4)熟悉液压回路元件名称、作用; (5)初步掌握液压回路的分析方法。	材料提交
回油冷却回路的安装与调试	(1)操作过程符合安全操作规范; (2)回路安装要正确、完整、安全、可靠; (3)分析冷却器在液压回路的作用。	成果展示

3. 任务实施清单

任务	内容
写出冷却器的工作原理,并画出图形符号	

任务	内容
写出液压缸的分类，单杆式活塞缸的工作原理，并画出图形符号	
写出二位四通电磁换向阀的工作原理，并画出图形符号	
分析图 1-6 所示的回油冷却回路	
根据此实训任务尝试设计其他形式的冷却回路	

4. 安装调试记录单

主要内容	实施情况	完成情况
工具准备		
液压元件 选用及检查		
回油冷却回路和 电气控制部分的 安装调试		
恢复设备		

5. 检查记录工作单

<table>
<tr><th>检查项目</th><th>检查内容</th><th colspan="2">评分标准</th><th>记录</th></tr>
<tr><td rowspan="4">资讯确认
清单检查</td><td rowspan="4">内容准确、完备</td><td>完美</td><td>3分</td><td rowspan="4"></td></tr>
<tr><td>完成</td><td>2分</td></tr>
<tr><td>完成一部分</td><td>1分</td></tr>
<tr><td>未完成</td><td>0分</td></tr>
<tr><td rowspan="4">安装调试
检查</td><td>安装调试记录单完成情况</td><td>酌情给分</td><td>1分</td><td></td></tr>
<tr><td>元件安装情况(元件安装是否牢固,元件选用是否错误,是否存在漏接、脱落、漏油)</td><td>酌情给分</td><td>3分</td><td></td></tr>
<tr><td>布线情况(布局是否合理、长度是否合理、有无扎绑或扎绑不到位)</td><td>酌情给分</td><td>1分</td><td></td></tr>
<tr><td>油路情况(油路是否通畅、调试是否正确)</td><td>酌情给分</td><td>1分</td><td></td></tr>
<tr><td>文明实训</td><td>工具、元器件是否整齐摆放;是否及时清理工位;是否遵守劳动纪律;是否遵循操作规范;是否具有安全操作意识</td><td>酌情给分</td><td>1分</td><td></td></tr>
<tr><td colspan="4">成绩合计</td><td></td></tr>
</table>

6. 实训中存在的问题及改进

项目二 压力控制回路

思政讲堂

我国自主研发生产的8万t模锻压力机是目前世界上最大、最先进的模锻压力机。目前，国外的模锻压力机往往由于力量不够，在大型模锻件的制造过程中需要经过反复加热锻压两到三轮才能完成，而我国8万t模锻压力机动力强劲，一次锻压锻造即可完成制作，还能保证产品外在尺寸的完整性和内在性能的稳定性。如此强劲的动力来源于哪里？秘密就来自深埋于地下的泵房，60台油泵驱使着300 t液压油在10 km长的管路里流动，推动5个直径为1.8 m的巨大液压油缸进行压制，这排山倒海的力量再加上精准精细的控制，让钢铁坯料在它手上像做月饼一样，一锻成型，一次成功。8万t模锻压力机成功锻造出了C919飞机主起落架关键模锻件。8万t模锻压力机将继续发挥“威力”，用中国力度为“中国智造”锻造更加强劲的未来！

实训目标

（1）认识溢流阀、顺序阀、减压阀、压力继电器等液压元件的实物及其符号。

（2）熟悉溢流阀、顺序阀、减压阀、压力继电器等液压元件的工作原理。

（3）掌握压力控制回路的工作原理及特点。

（4）熟悉实训设备、液压元件、管路、电气控制回路等的连接、固定方法和操作规则。

任务一　减压回路

任务介绍

一、实训目的

（1）认识直动式溢流阀、直动式减压阀等液压元件的实物及其符号；

（2）熟悉直动式溢流阀、直动式减压阀等液压元件的工作原理；

（3）掌握减压回路的工作原理及特点；

（4）熟悉实训设备、液压元件、管路、电气控制回路等的连接、固定方法和操作规则。

二、实训器材

（1）THPHDW-02工业双泵液压站；

（2）THPHDW-01液压与气动综合实训系统；

（3）直动式溢流阀；

（4）直动式减压阀；

（5）单向阀；

（6）二位四通电磁换向阀；

（7）双作用液压缸；

（8）油管及连接导线若干；

（9）内六角扳手。

任务分析

根据实训任务要求，掌握液压元件符号及工作原理，能够根据减压回路原理图，使用对应的液压元件搭建液压回路，并能熟练地调试减压回路。

相关知识

液压元件

（1）减压阀

减压阀的工作原理是通过调节流体的流量来降低压力。当流体通过减压阀时，减压阀会自动调节其内部的阀门开度，使流体流过的区域变小，从而降低压力。如果压力过高，减压阀会自动关闭，以防止压力过大而导致设备损坏或系统故障。

（2）单向阀

单向阀的工作原理主要基于流体动力学和压力差。这种阀门内部通常含有一个或多个关键元件，如阀瓣或球体，它们在流体的作用下开启或关闭，从而控制流体的流动方向。当流体从进口端向出口端流动时，即正向流动，流体压力推动阀瓣或球体打开，使流体可以顺畅通过；当流体试图从出口端流回进口端，即反向流动时，阀瓣或球体在流体压力和自身重力的作用下关闭，阻止流体反向通过，因此可以实现单向流动的功能。此外，单向阀的设计还包括各种密封机制，如动态或静态密封，以确保在反向流动时阀门能紧密关闭。单向阀广泛应用于液压和气动系统中，用于防止液体或气体在管道中倒流。

实践操作

减压回路如图2-1所示。

减压回路
安装与调试

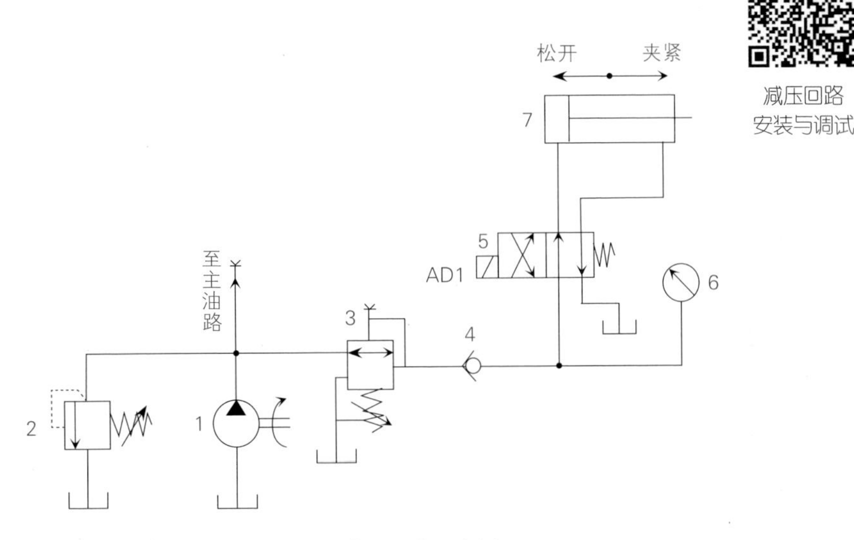

图2-1　减压回路示意图

1—液压泵　2—直动式溢流阀　3—直动式减压阀　4—单向阀
5—二位四通电磁换向阀　6—耐震压力表　7—双作用单活塞杆液压缸

1.液压回路的连接

（1）根据图2-1减压回路的结构和组成，在THPHDW-01液压与气动综合实训系统上安装二位三通电磁换向阀、直动式减压阀、单向阀，并检查其功能是否完好。

（2）根据图2-1所示减压回路工作原理，连接并固定管件。

（3）确认管件连接处密封性是否良好。

2.连接二位四通电磁换向阀的控制电路

在二位四通电磁换向阀上找到控制阀的电源接口，给其接入24 V直流电源，通过按钮控制二位四通电磁换向阀的换向。电气控制原理图如图2-2所示。

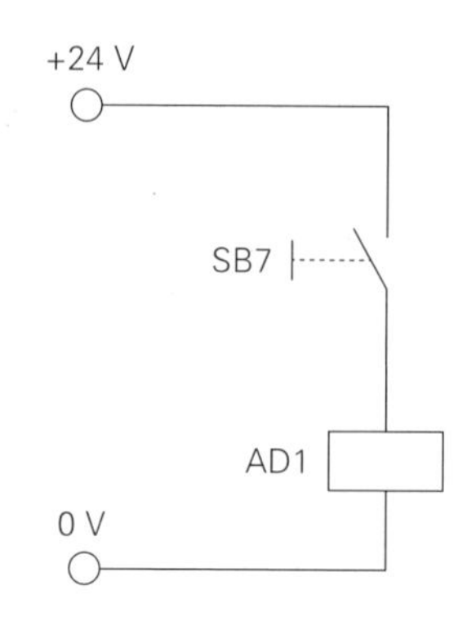

图2-2　减压回路电气控制原理图

3.液压系统调试

（1）根据一级调压回路，将系统工作压力调至4 MPa。

（2）将减压阀3调节手柄逆时针旋松，按下“启动”按钮，将“油泵系统压力”旋钮旋至“加载”状态。

（3）将减压阀3调节手柄顺时针旋紧，使压力表6示值为3 MPa，操作按钮“SB7”，使液压缸7重复运行几次，并观察压力表6示值变化情况。

（4）在电磁铁AD1失电状态下，将“油泵系统压力”旋钮旋至“卸荷”状态，仔细观察压力表6示值变化情况。

（5）按下“停止”按钮，拆卸所搭接的液压回路，并将液压元件、液压胶管等整理归位。

4.恢复设备

（1）先旋松直动式溢流阀调节手柄上的锁紧螺母，再将调节手柄逆时针旋转进行卸荷。

（2）关闭叶片泵启动开关和24 V控制电源。

（3）拆卸所搭接电气接线，并整理归位四工位架。

（4）拆卸所搭接的液压管件，并将液压元件、油管等整理归位。

5.工艺要求及注意事项

（1）液压元件安装要牢固，不能出现松动。

（2）安装前检查液压阀密封圈有无脱落，是否过度磨损、老化、失去弹性等。

（3）安装前检查接线是否断路，接线接头接入要牢固。

（4）管路连接要可靠，油管快速接口接入要牢固。

（5）管路走向要合理，避免管路交叉。

（6）操作过程要安全、文明、规范。

思考与练习

1. 减压回路能改变液压缸伸出和缩回的速度吗？

2. 根据此实训任务尝试设计液压缸伸出不减压、缩回减压的减压回路。

任务一工单　减压回路

1.任务分组

班级		组号		指导老师	
组长		学号			
小组成员	姓名	学号	角色分工		
			监护人员		
			操作人员		
			记录人员		
			评分人员		

2.任务准备清单

任务内容	任务要求	验收方式
熟悉液压元件	(1)掌握溢流阀、减压阀、单向阀的工作原理、图形符号、实物元件； (2)掌握减压回路的工作原理； (3)掌握液压回路元件名称、作用； (4)掌握液压回路的分析方法。	材料提交
减压回路的安装与调试	(1)操作过程符合安全操作规范； (2)回路安装要正确、完整、安全、可靠； (3)系统回路的调定。	成果展示

3.任务实施清单

任务	内容
写出直动式减压阀的工作原理，并画出图形符号	

任务	内容
分析图 2-1 所示减压回路	
根据此实训任务尝试设计液压缸伸出不减压，缩回减压的减压回路	

4. 安装调试记录单

主要内容	实施情况	完成情况
工具准备		

主要内容	实施情况	完成情况
液压元件选用及检查		
减压回路安装调试		
恢复设备		

5. 检查记录工作单

检查项目	检查内容	评分标准		记录
资讯确认清单检查	内容准确、完备	完美	3分	
		完成	2分	
		完成一部分	1分	
		未完成	0分	
安装调试检查	安装调试记录单完成情况	酌情给分	1分	
	元件安装情况(元件安装是否牢固,元件选用是否错误,是否存在漏接、脱落、漏油)	酌情给分	3分	
	布线情况(布局是否合理、长度是否合理、有无扎绑或扎绑不到位)	酌情给分	1分	
	油路情况(油路是否通畅、调试是否正确)	酌情给分	1分	
文明实训	工具、元器件是否整齐摆放;是否及时清理工位;是否遵守劳动纪律;是否遵循操作规范;是否具有安全操作意识	酌情给分	1分	
成绩合计				

6. 实训中存在的问题及改进

任务二　换向阀卸荷回路

任务介绍

一、实训目的

（1）认识先导式溢流阀、二位三通电磁换向阀等液压元件的实物及其符号；

（2）熟悉先导式溢流阀、二位三通电磁换向阀等液压元件的工作原理；

（3）掌握换向阀卸荷回路的工作原理及特点；

（4）熟悉实训设备、液压元件、管路、电气控制回路等的连接、固定方法和操作规则。

二、实训器材

（1）THPHDW-02工业双泵液压站；

（2）THPHDW-01液压与气动综合实训系统；

（3）直动式溢流阀；

（4）二位三通电磁换向阀；

（5）双作用液压缸 ；

（6）油管及连接导线若干；

（7）内六角扳手。

任务分析

根据实训任务要求，掌握液压元件的符号及工作原理，能够根据换向阀卸荷回路原理图，使用对应的液压元件搭建液压回路，并能熟练地调试换向阀卸荷回路。

相关知识

1.液压元件

二位三通电磁换向阀的主要作用包括：改变液压或气动系统的流动方向、流量和压力，控制液压缸或其他执行元件的运动方向，以及实现液体的倒流和流量控制。

2.卸荷回路的基本原理

卸荷回路广泛应用于自动化机械和液压装置中，用于控制机械或装置在负载状态下的停机。其基本原理是在充油状态下，通过调节阀口的大小，将液压系统中的压力释放出来，以达到卸荷的目的。在液压系统中，安装有多个不同类型和不同功能的液控阀，这些阀门一起组成了一个完整的控制系统。其中，换向阀是卸荷回路的关键组件。

实践操作

换向阀卸荷回路如图2-3所示。

换向阀卸荷回路安装与调试

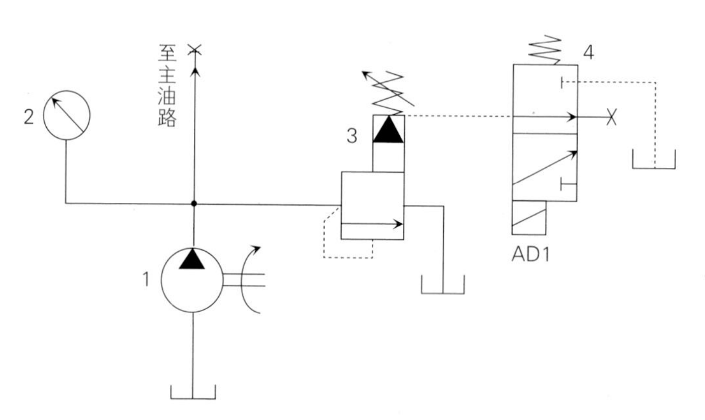

图2-3　换向阀卸荷回路示意图

1—液压泵　2—耐震压力表　3—先导式溢流阀　4—二位三通电磁换向阀

1.液压回路的连接

（1）根据图2-3换向阀卸荷回路的结构和组成，在THPHDW-01液压与气动综合实训系统上安装二位三通电磁换向阀和先导式溢流阀，并检查其功能是否完好。

（2）根据图2-3所示换向阀卸荷回路工作原理，连接并固定管件。

（3）确认管件连接处密封性是否良好。

2.连接二位三通电磁换向阀的控制电路

在二位三通电磁换向阀上找到控制阀电源接口，给其接入24 V直流电源，通过按钮控制二位三通电磁换向阀的换向。电气控制原理图如图2-4所示。

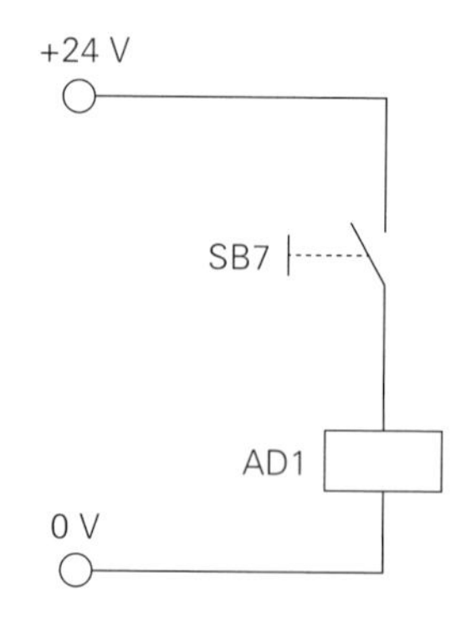

图2-4　换向阀卸荷电气控制原理图

3.液压系统调试

（1）在电磁铁AD1失电状态下，调节先导式溢流阀，将系统工作压力调至4 MPa。

（2）在电磁铁AD1得电状态下，观察压力表2示值变化情况。

（3）操作按钮“SB7”，重复运行几次，并观察压力表2示值变化情况。

（4）在电磁铁AD1失电状态下，将“油泵系统压力”旋钮旋至“卸荷”状态。

4.恢复设备

（1）先旋松先导式溢流阀调节手柄上的锁紧螺母，再将调节手柄逆时针旋转进行卸荷。

（2）关闭叶片泵启动开关和24 V控制电源。

（3）拆卸所搭接电气接线，并整理归位四工位架。

（4）拆卸所搭接的液压管件，并将液压元件、油管等整理归位。

5.工艺要求及注意事项

（1）液压元件安装要牢固，不能出现松动。

（2）安装前检查液压阀密封圈有无脱落，是否过度磨损、老化、失去弹性等。

（3）安装前检查接线是否断路，接线接头接入要牢固。

（4）管路连接要可靠，油管快速接口接入要牢固。

（5）管路走向要合理，避免管路交叉。

（6）操作过程要安全、文明、规范。

思考与练习

1.根据此实训任务尝试设计使用“M”型三位四通电磁换向阀的卸荷回路。

2.根据此实训任务尝试设计使用直动式溢流阀和二位三通电磁换向阀的卸荷回路。

任务二工单　换向阀卸荷回路

1. 任务分组

班级		组号		指导老师	
组长		学号			
小组成员	姓名	学号	角色分工		
			监护人员		
			操作人员		
			记录人员		
			评分人员		

2. 任务准备清单

任务内容	任务要求	验收方式
熟悉液压元件	(1)掌握二位三通电磁换向阀的工作原理、图形符号、实物元件； (2)掌握换向阀卸荷回路的工作原理； (3)掌握液压回路元件名称、作用； (4)掌握液压回路的分析方法。	材料提交
换向阀卸荷回路的安装与调试	(1)操作过程符合安全操作规范； (2)回路安装要正确、完整、安全、可靠； (3)系统回路的调定。	成果展示

3. 任务实施清单

任务	内容
分析图 2-3 所示换向阀卸荷回路	

任务	内容
根据此实训任务尝试设计使用“M”型三位四通电磁换向阀的卸荷回路	
根据此实训任务尝试设计使用直动式溢流阀和二位三通电磁换向阀的卸荷回路	

4.安装调试记录单

主要内容	实施情况	完成情况
工具准备		

主要内容	实施情况	完成情况
液压元件选用及检查		
换向阀卸荷回路 安装调试		
恢复设备		

5. 检查记录工作单

检查项目	检查内容	评分标准		记录
资讯确认清单检查	内容准确、完备	完美	3分	
		完成	2分	
		完成一部分	1分	
		未完成	0分	
安装调试检查	安装调试记录单完成情况	酌情给分	1分	
	元件安装情况(元件安装是否牢固,元件选用是否错误,是否存在漏接、脱落、漏油)	酌情给分	3分	
	布线情况(布局是否合理、长度是否合理、有无扎绑或扎绑不到位)	酌情给分	1分	
	油路情况(油路是否通畅、调试是否正确)	酌情给分	1分	
文明实训	工具、元器件是否整齐摆放;是否及时清理工位;是否遵守劳动纪律;是否遵循操作规范;是否具有安全操作意识	酌情给分	1分	
成绩合计				

6. 实训中存在的问题及改进

任务三　平衡回路

任务介绍

一、实训目的

（1）认识顺序阀、三位四通电磁换向阀等液压元件的实物及其符号；

（2）熟悉顺序阀、三位四通电磁换向阀等液压元件的工作原理；

（3）掌握平衡回路的工作原理及特点；

（4）熟悉实训设备、液压元件、管路、电气控制回路等的连接、固定方法和操作规则。

二、实训器材

（1）THPHDW-02工业双泵液压站；

（2）THPHDW-01液压与气动综合实训系统；

（3）直动式溢流阀；

（4）三位四通电磁换向阀；

（5）单向顺序阀；

（6）双作用液压缸；

（7）油管及连接导线若干；

（8）内六角扳手。

任务分析

平衡回路的功能在于防止垂直或倾斜放置的液压缸和与之相连的工作部件因自重而自行下落。根据实训任务要求，掌握液压元件符号及工作原理，能够根据平衡回路原理图，使用对应的液压元件搭建液压回路，并能熟练地调试平衡回路。

相关知识

1.液压元件

（1）单向顺序阀

单向顺序阀是由顺序阀与单向阀并联组合而成。它依靠气压传动系统中压力的作用而控制气压执行元件的顺序动作。顺序阀的基本功能是控制多个执行元件的顺序动作，根据其功能的不同，分别称为顺序阀、背压阀、卸荷阀和平衡阀。

（2）三位四通电磁换向阀

三位四通电磁换向阀是指换向阀有三个工作位状态，四个油口（一般两进两出）。四个油口分别用P、T、A、B表示，其中P为进油口，T为回油口，A\B分别接执行元件的上下两腔，换向阀自然位置时在中位。

2.平衡回路的工作原理

采用单向顺序阀组成的平衡回路，当三位四通电磁换向阀的电磁铁通电右位处于工作状态时，液压泵输出的压力油进入垂直液压缸无杆腔，推动活塞下行，液压缸有杆腔回油路上单向顺序阀产生一定的背压值，使单向顺序阀调定的背压值略大于活塞和与之相连工作部件自重产生的压力值，活塞就可以平稳地下落而不超速。

实践操作

平衡回路如图2-5所示。

平衡回路
安装与调试

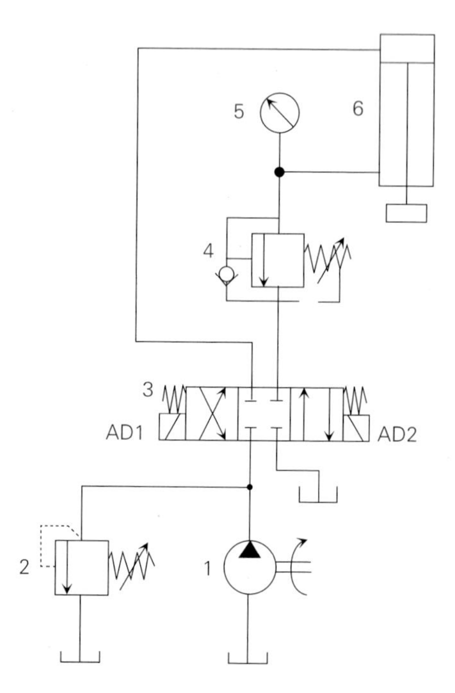

图2-5　平衡回路示意图

1—液压泵　2—直动式溢流阀　3—三位四通电磁换向阀（O型）
4—单向顺序阀　5—耐震压力表　6—双作用单活塞杆液压缸

1.液压回路的连接

（1）根据图2-5平衡回路的结构和组成，在THPHDW-01液压与气动综合实训系统上安装三位四通电磁换向阀、单向顺序阀，并检查其功能是否完好。

（2）根据图2-5所示平衡回路工作原理，连接并固定管件。

（3）确认管件连接处密封性是否良好。

2.连接三位四通电磁换向阀的控制电路

在三位四通电磁换向阀上找到控制阀电源接口，给其接入24 V直流电源，通过按钮控制三位四通电磁换向阀的换向。电气控制原理图如图2-6所示。

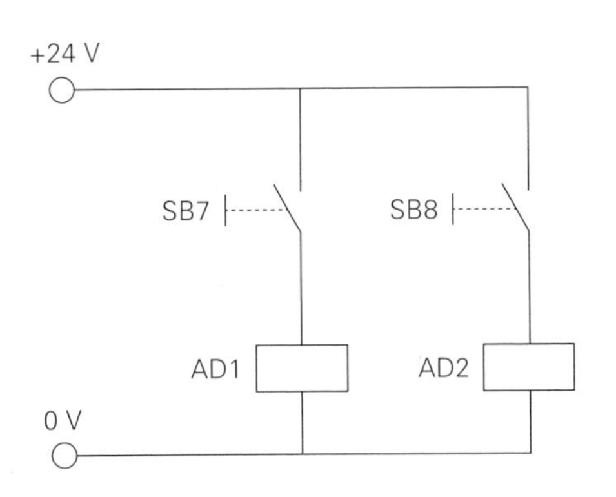

图2-6　平衡回路电气控制原理图

3.液压系统调试

（1）将溢流阀2调节手柄逆时针旋松、顺序阀4顺时针调紧，按下“启动”按钮，将“油泵系统压力”旋钮旋至“加载”状态。

（2）顺时针调紧溢流阀2调节手柄，使系统压力表示值为4 MPa，按下“SB7”按钮，逐渐旋松顺序阀4调节手柄，观察液压缸6的运行情况及压力表5的示值变化情况。

（3）按下“SB8”按钮，在液压缸活塞杆伸出过程中，观察压力表5的示值变化情况。

4.恢复设备

（1）先旋松直动式溢流阀调节手柄上的锁紧螺母，再将调节手柄逆时针旋转进行卸荷。

（2）关闭叶片泵启动开关和24 V控制电源。

（3）拆卸所搭接电气接线，并整理归位四工位架。

（4）拆卸所搭接的液压管件，并将液压元件、油管等整理归位。

5.工艺要求及注意事项

（1）液压元件安装要牢固，不能出现松动。

（2）安装前检查液压阀密封圈有无脱落，是否过度磨损、老化、失去弹性等。

（3）安装前检查接线是否断路，接线接头接入要牢固。

（4）管路连接要可靠，油管快速接口接入要牢固。

（5）管路走向要合理，避免管路交叉。

（6）操作过程要安全、文明、规范。

思考与练习

根据此实训任务工作原理，尝试使用其他液压元件设计平衡回路。

任务三工单　平衡回路

1. 任务分组

班级		组号		指导老师	
组长		学号			
小组成员	姓名	学号	角色分工		
			监护人员		
			操作人员		
			记录人员		
			评分人员		

2. 任务准备清单

任务内容	任务要求	验收方式
熟悉液压元件	(1)掌握顺序阀、三位四通电磁换向阀的工作原理、图形符号、实物元件; (2)掌握平衡回路的工作原理; (3)掌握液压回路元件名称、作用; (4)掌握液压回路的分析方法。	材料提交
平衡回路的安装与调试	(1)操作过程符合安全操作规范; (2)回路安装要正确、完整、安全、可靠; (3)系统回路的调定。	成果展示

3. 任务实施清单

任务	内容
写出单向顺序阀的工作原理,并画出图形符号	

任务	内容
写出三位四通电磁换向阀的工作原理，并画出图形符号	
分析图 2-5 所示平衡回路	
根据此实训任务工作原理，尝试使用其他液压元件设计平衡回路	

4. 安装调试记录单

主要内容	实施情况	完成情况
工具准备		
液压元件选用及检查		
平衡回路安装调试		
恢复设备		

5. 检查记录工作单

<table>
<tr><th>检查项目</th><th>检查内容</th><th colspan="2">评分标准</th><th>记录</th></tr>
<tr><td rowspan="4">资讯确认
清单检查</td><td rowspan="4">内容准确、完备</td><td>完美</td><td>3分</td><td rowspan="4"></td></tr>
<tr><td>完成</td><td>2分</td></tr>
<tr><td>完成一部分</td><td>1分</td></tr>
<tr><td>未完成</td><td>0分</td></tr>
<tr><td rowspan="4">安装调试
检查</td><td>安装调试记录单完成情况</td><td>酌情给分</td><td>1分</td><td></td></tr>
<tr><td>元件安装情况(元件安装是否牢固,元件选用是否错误,是否存在漏接、脱落、漏油)</td><td>酌情给分</td><td>3分</td><td></td></tr>
<tr><td>布线情况(布局是否合理、长度是否合理、有无扎绑或扎绑不到位)</td><td>酌情给分</td><td>1分</td><td></td></tr>
<tr><td>油路情况(油路是否通畅、调试是否正确)</td><td>酌情给分</td><td>1分</td><td></td></tr>
<tr><td>文明实训</td><td>工具、元器件是否整齐摆放;是否及时清理工位;是否遵守劳动纪律;是否遵循操作规范;是否具有安全操作意识</td><td>酌情给分</td><td>1分</td><td></td></tr>
<tr><td colspan="4">成绩合计</td><td></td></tr>
</table>

6. 实训中存在的问题及改进

任务四　顺序动作回路

任务介绍

一、实训目的

（1）认识顺序阀、单向顺序阀等液压元件的实物及其符号；

（2）熟悉顺序阀、单向顺序阀等液压元件的工作原理；

（3）掌握顺序动作回路的工作原理及特点；

（4）熟悉实训设备、液压元件、管路、电气控制回路等的连接、固定方法和操作规则。

二、实训器材

（1）THPHDW-02工业双泵液压站；

（2）THPHDW-01液压与气动综合实训系统；

（3）直动式溢流阀；

（4）二位四通电磁换向阀；

（5）单向顺序阀；

（6）双作用液压缸；

（7）油管及连接导线若干；

（8）内六角扳手。

任务分析

顺序动作回路是实现多个执行元件依次动作的回路，根据实训任务要求，掌握顺序动作回路的原理。

相关知识

顺序阀是一种被广泛应用于控制系统中的元件，其主要作用是根据输入信号的顺序来控制输出信号的先后顺序。它通常由多个单向阀组成，每个单向阀都有一个管道和一组控制出口，通过控制不同控制出口的开闭状态，以实现对输出信号的控制。

实践操作

顺序动作回路如图2-7所示。

顺序动作回路安装与调试

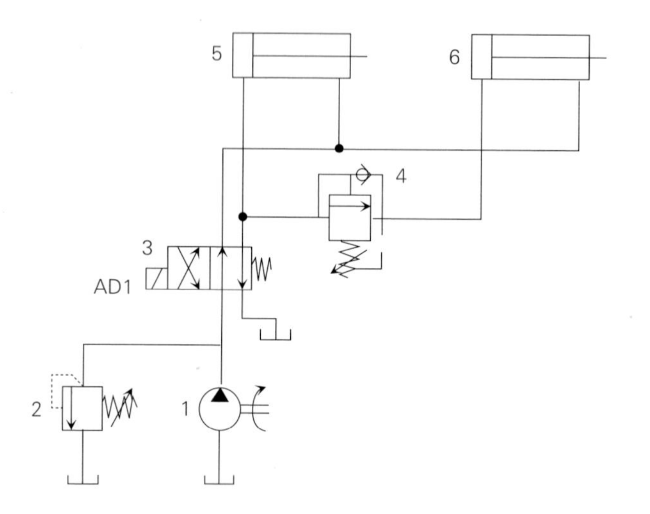

图2-7 顺序动作回路示意图

1—液压泵 2—直动式溢流阀 3—二位四通电磁换向阀

4—单向顺序阀 5、6—双作用单活塞杆液压缸

1. 液压回路的连接

（1）根据图2-7顺序动作的结构和组成，在THPHDW-01液压与气动综合实训系统上安装二位四通电磁换向阀、单向顺序阀，并检查其功能是否完好。

（2）根据图2-7所示顺序阀控制顺序动作工作原理，连接并固定管件。

（3）确认管件连接处密封性是否良好。

2. 连接二位四通电磁换向阀的控制电路

在二位四通电磁换向阀上找到控制阀电源接口，给其接入24 V直流电源，通过按钮控制二位四通电磁换向阀的换向。电气控制原理图如图2-8所示。

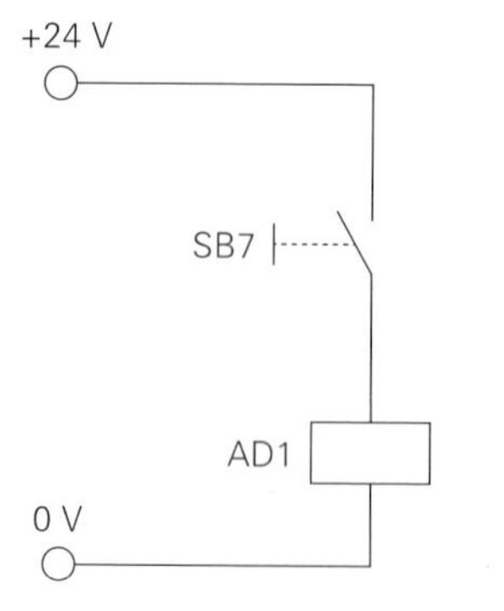

图2-8 顺序动作回路电气控制原理图

3.液压系统调试

（1）将溢流阀2调节手柄逆时针旋松、顺序阀4顺时针调紧，按下“启动”按钮，将“油泵系统压力”旋钮旋至“加载”状态。

（2）顺时针调紧溢流阀2调节手柄，使系统压力表示值为4 MPa，并旋松顺序阀4调节手柄。

（3）按下“SB7”按钮，换向阀3左位工作时，液压缸5和液压缸6伸出，在此过程中旋转顺序阀，将液压缸6无杆腔压力调至3 MPa，到达终点后，回路中压力升高至4 MPa。

（4）再次按下“SB7”按钮，换向阀3右位工作时，液压缸5和液压缸6同时缩回。

（5）再一次按下“SB7”按钮，换向阀3左位工作时，观察液压缸5和液压缸6的伸出顺序，完成双缸前进顺序动作。

4.恢复设备

（1）先旋松直动式溢流阀调节手柄上的锁紧螺母，再将调节手柄逆时针旋转进行卸荷。

（2）关闭叶片泵启动开关和24 V控制电源。

（3）拆卸所搭接电气接线，并整理归位四工位架。

（4）拆卸所搭接的液压管件，并将液压元件、油管等整理归位。

5.工艺要求及注意事项

（1）液压元件安装要牢固，不能出现松动。

（2）安装前检查液压阀密封圈有无脱落，是否过度磨损、老化、失去弹性等。

（3）安装前检查接线是否断路，接线接头接入要牢固。

（4）管路连接要可靠，油管快速接口接入要牢固。

（5）管路走向要合理，避免管路交叉。

（6）操作过程要安全、文明、规范。

思考与练习

根据此顺序回路工作原理，设计使用压力继电器的顺序动作回路。

任务四工单　顺序动作回路

1.任务分组

班级		组号		指导老师	
组长		学号			
小组成员	姓名	学号	角色分工		
			监护人员		
			操作人员		
			记录人员		
			评分人员		

2.任务准备清单

任务内容	任务要求	验收方式
熟悉液压元件	(1)掌握液压泵、直动式溢流阀、二位四通电磁换向阀、单向顺序阀、双作用单活塞杆液压缸的工作原理、图形符号、实物元件； (2)掌握直动式溢流阀、二位四通电磁换向阀、单向顺序阀、双作用单活塞杆液压缸的工作原理； (3)掌握顺序动作回路、压力继电器控制顺序动作回路的分析方法。	材料提交
顺序动作回路的安装与调试	(1)操作过程符合安全操作规范； (2)回路安装要正确、完整、安全、可靠； (3)系统回路的调定。	成果展示

3.任务实施清单

任务	内容
写出单向顺序阀的工作原理，并画出图形符号	

任务	内容
分析图 2-7 所示顺序动作回路	
根据此顺序回路工作原理，设计使用压力继电器的顺序动作回路	

4. 安装调试记录单

主要内容	实施情况	完成情况
工具准备		

主要内容	实施情况	完成情况
液压泵 选用及检查		
顺序动作回路 安装调试		
恢复设备		

5. 检查记录工作单

检查项目	检查内容	评分标准		记录
资讯确认清单检查	内容准确、完备	完美	3分	
		完成	2分	
		完成一部分	1分	
		未完成	0分	
安装调试检查	安装调试记录单完成情况	酌情给分	1分	
	元件安装情况(元件安装是否牢固,元件选用是否错误,是否存在漏接、脱落、漏油)	酌情给分	3分	
	布线情况(布局是否合理、长度是否合理、有无扎绑或扎绑不到位)	酌情给分	1分	
	油路情况(油路是否通畅、调试是否正确)	酌情给分	1分	
文明实训	工具、元器件是否整齐摆放;是否及时清理工位;是否遵守劳动纪律;是否遵循操作规范;是否具有安全操作意识	酌情给分	1分	
成绩合计				

6. 实训中存在的问题及改进

项目三 方向控制回路

思政讲堂

2022年10月21日，由我国自主设计建造的亚洲最大重型自航绞吸船“天鲲号”完成全部设备调试及准备工作，正式投入连云港港赣榆港区10万吨级航道南延伸段一期工程建设。天鲲号满载排水量17 000 t，设计航速12 kn，装机总功率25 843 kW；配置了一台水下泵、两台舱内泥泵，最大排距15 000 m，可通过装驳装置实现单水下泵装驳作业；吸/排管径1 000/1 000 mm，挖深6.5～35 m；配置了通用、黏土、挖岩和重型挖岩等4种类型的绞刀，适用于挖掘淤泥、黏土、密实砂质土、砾石、强风化岩以及单侧抗压强度达45 MPa的中弱风化岩，标准疏浚能力6 000 m^3/h。泥泵电机总功率为17 000 kW，可根据输送距离的不同选择单泵工作、双泵串联工作和三泵串联工作等多种施工组合模式。

实训目标

（1）认识普通单向阀、液控单向阀、二位四通电磁换向阀、三位四通电磁换向阀、直动式溢流阀、压力继电器、液压缸等液压元件的实物及其符号。

（2）熟悉普通单向阀、液控单向阀、二位四通电磁换向阀、三位四通电磁换向阀、直动式溢流阀、压力继电器、液压缸等液压元件的工作原理。

（3）掌握换向回路的工作原理及特点。

（4）熟悉实训设备、液压元件、管路、电气控制回路等的连接、固定方法和操作规则。

任务一　差动连接回路

任务介绍

一、实训目的

（1）认识二位三通电磁换向阀、二位四通电磁换向阀、双作用单活塞杆液压缸等液压元件的实物及其符号；

（2）熟悉二位三通电磁换向阀、二位四通电磁换向阀、双作用单活塞杆液压缸等液压元件的工作原理；

（3）掌握差动连接回路的工作原理及特点；

（4）熟悉实训设备、液压元件、管路、电气控制回路等的连接、固定方法和操作规则；

（5）比较差动连接回路与非差动连接回路液压缸活塞运动速度的差别，掌握回路增速原理。

二、实训器材

（1）THPHDW-02工业双泵液压站；

（2）THPHDW-01液压与气动综合实训系统；

（3）直动式溢流阀；

（4）二位三通电磁换向阀；

（5）二位四通电磁换向阀；

（6）双作用液压缸；

（7）油管及连接导线若干；

（8）内六角扳手。

任务分析

根据实训任务要求，掌握液压元件的符号及工作原理，能够根据差动连接回路原理图，使用对应的液压元件搭建液压回路，并能熟练地调试差动连接回路。

相关知识

1.液压元件

二位三通电磁换向阀的工作原理主要基于电磁力控制阀芯的动作，进而改变流体的流向。它由阀体、阀芯、弹簧等部件组成，有两个工作位置和三个油路。当电磁线圈通电时，阀芯被吸引到一端，流体的流向改变，使得一个通道与出口相连，而另一个通道则关闭。当电磁线圈断电时，阀芯在弹簧的作用下回到中位，恢复原来的流路。此外，二位三通电磁换向阀还有常闭型和常开型两种类型。常闭型在未通电时关闭，而通电时打开；常开型则在未通电时打开，通电时关闭。这两种阀门的优点是能够长时间保持关闭或打开状态，从而延长线圈的使用寿命。

2.二位四通电磁换向阀的工作原理

二位四通电磁换向阀的核心部件是由铁芯、电磁线圈、活动阀芯和阀体构成的，其基本工作原理是通过改变电磁线圈的磁场方向控制阀芯的运动方向，从而实现两种介质的互相切换。当通电时，电磁线圈内部会产生一种磁场，使得铁芯上的阀芯吸附在一侧，与另一侧的阀座隔离；当断电时，阀芯因另一侧的磁场吸附到另一侧的阀座上，此时，介质就会从另一侧流动到管道中。

3.双作用单活塞杆液压缸的工作原理

当液压油进入液压缸时，活塞会沿着杆的方向移动。液压油通过液压管道进入液压缸的两个腔体，推动活塞杆进行工作。液压油进入液压缸的前室时，活塞向后移动；液压油进入液压缸的后室时，活塞向前移动。当液压油不再提供压力时，系统会排出液压缸中的油液，活塞杆随之向相反方向移动，直到完成相应的工作。活塞杆最终会返回原位。可以通过调整液压系统中的控制阀来改变液压油的流动方向和压力，从而控制活塞杆的运动。

实践操作

差动连接回路如图3-1所示。

1.液压回路的连接

（1）根据图3-1差动连接回路的结构和组成，在THPHDW-01液压与气动综合实训系统上安装二位三通电磁换向阀、二位四通电磁换向阀，并检查其功能是否完好。

（2）根据图3-1所示差动连接回路工作原理，连接并固定管件。

（3）确认管件连接处密封性是否良好。

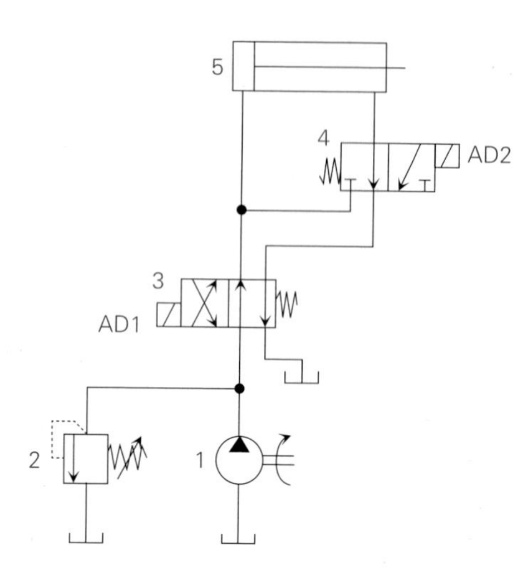

差动连接回路安装与调试

图3-1　差动连接回路示意图

1—液压泵　2—直动式溢流阀　3—二位四通电磁换向阀
4—二位三通电磁换向阀　5—双作用单活塞杆液压缸

2.连接二位三通电磁换向阀、二位四通电磁换向阀的控制电路

在二位三通电磁换向阀、二位四通电磁换向阀上找到控制阀电源接口，给其接入24 V直流电源，通过按钮控制二位三通电磁换向阀、二位四通电磁换向阀的换向。电气控制原理图如图3-2所示。

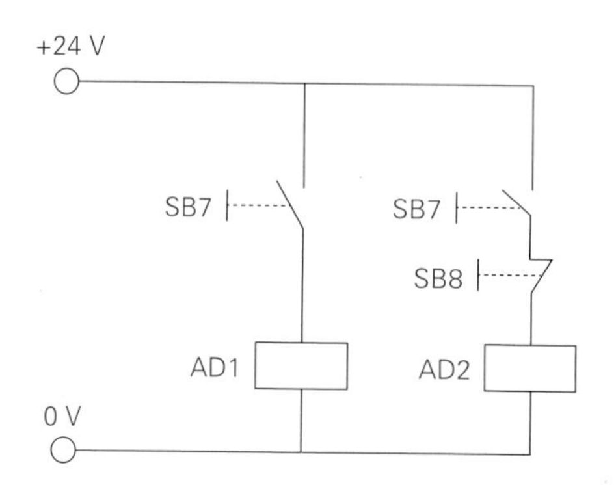

图3-2　二位三通电磁换向阀换向电气控制原理图

3.液压系统调试

（1）根据一级调压回路调节系统的压力。

（2）将“SB7”按钮按下，电磁铁AD1失电、AD2得电，液压泵1的压力油经换向阀3右位进入液压缸5左腔，液压缸5右腔回油经换向阀4右位也进入液压缸5左腔，实现差动连接，使活塞快速向右运动。

（3）将“SB7”“SB8”按钮同时按下，电磁铁AD1失电、AD2失电，液压泵1的压力油经换向阀3右位进入液压缸5左腔，液压缸5右腔回油经换向阀4左位也

进入液压缸 5 左腔，实现慢速运动，使活塞换速向右运动。

（4）将“SB7”按钮复位，液压缸 5 活塞退回。

4. 恢复设备

（1）先旋松直动式溢流阀调节手柄上的锁紧螺母，再将调节手柄逆时针旋转进行卸荷。

（2）关闭叶片泵启动开关和 24 V 控制电源。

（3）拆卸所搭接电气接线，并整理归位四工位架。

（4）拆卸所搭接的液压管件，并将液压元件、油管等整理归位。

5. 工艺要求及注意事项

（1）液压元件安装要牢固，不能出现松动。

（2）安装前检查液压阀密封圈有无脱落，是否过度磨损、老化、失去弹性等。

（3）安装前检查接线是否断路，接线接头接入要牢固。

（4）管路连接要可靠，油管快速接口接入要牢固。

（5）管路走向要合理，避免管路交叉。

（6）操作过程要安全、文明、规范。

思考与练习

根据此实训任务尝试完成压力控制速度换接回路的设计。

任务一工单　差动连接回路

1.任务分组

班级		组号		指导老师	
组长		学号			
小组成员	姓名	学号	角色分工		
			监护人员		
			操作人员		
			记录人员		
			评分人员		

2.任务准备清单

任务内容	任务要求	验收方式
熟悉液压元件	(1)掌握二位三通电磁换向阀、二位四通电磁换向阀的工作原理、图形符号、实物元件； (2)掌握双作用单活塞杆液压缸的工作原理、图形符号、实物元件； (3)掌握液压回路元件名称、作用； (4)掌握液压回路的分析方法。	材料提交
差动连接回路的安装与调试	(1)操作过程符合安全操作规范； (2)回路安装要正确、完整、安全、可靠； (3)系统回路的调定。	成果展示

3.任务实施清单

任务	内容
写出二位三通电磁换向阀的工作原理，并画出图形符号	

任务	内容
写出二位四通电磁换向阀的工作原理，并画出图形符号	
写出双作用单活塞杆液压缸的工作原理，并画出图形符号	
分析图 3-1 所示差动连接回路	
根据此实训任务尝试完成压力控制速度换接回路的设计	

4. 安装调试记录单

主要内容	实施情况	完成情况
工具准备		
液压元件选用及检查		
差动连接回路安装调试		
恢复设备		

5.检查记录工作单

<table>
<tr><th>检查项目</th><th>检查内容</th><th colspan="2">评分标准</th><th>记录</th></tr>
<tr><td rowspan="4">资讯确认
清单检查</td><td rowspan="4">内容准确、完备</td><td>完美</td><td>3分</td><td rowspan="4"></td></tr>
<tr><td>完成</td><td>2分</td></tr>
<tr><td>完成一部分</td><td>1分</td></tr>
<tr><td>未完成</td><td>0分</td></tr>
<tr><td rowspan="4">安装调试
检查</td><td>安装调试记录单完成情况</td><td>酌情给分</td><td>1分</td><td></td></tr>
<tr><td>元件安装情况(元件安装是否牢固,元件选用是否错误,是否存在漏接、脱落、漏油)</td><td>酌情给分</td><td>3分</td><td></td></tr>
<tr><td>布线情况(布局是否合理、长度是否合理、有无扎绑或扎绑不到位)</td><td>酌情给分</td><td>1分</td><td></td></tr>
<tr><td>油路情况(油路是否通畅、调试是否正确)</td><td>酌情给分</td><td>1分</td><td></td></tr>
<tr><td>文明实训</td><td>工具、元器件是否整齐摆放;是否及时清理工位;是否遵守劳动纪律;是否遵循操作规范;是否具有安全操作意识</td><td>酌情给分</td><td>1分</td><td></td></tr>
<tr><td colspan="4">成绩合计</td><td></td></tr>
</table>

6.实训中存在的问题及改进

任务二　换向回路

任务介绍

一、实训目的

（1）认识二位四通电磁换向阀、三位四通电磁换向阀等液压元件的实物及其符号；

（2）熟悉二位四通电磁换向阀、三位四通电磁换向阀等液压元件的工作原理；

（3）掌握换向回路的工作原理及特点；

（4）熟悉实训设备、液压元件、管路、电气控制回路等的连接、固定方法和操作规则；

（5）了解常见换向回路的构成及控制方式。

二、实训器材

（1）THPHDW-02工业双泵液压站；

（2）THPHDW-01液压与气动综合实训系统；

（3）直动式溢流阀；

（4）三位四通电磁换向阀；

（5）双作用液压缸；

（6）油管及连接导线若干；

（7）内六角扳手。

任务分析

根据实训任务要求，掌握液压元件的符号及工作原理，能够根据换向回路原理图，使用对应的液压元件搭建液压回路，并能熟练地调试换向回路。

相关知识

1.三位四通电磁换向阀的工作原理

三位四通电磁换向阀的工作原理是通过电磁铁的控制来改变阀芯的位置，进而控制流体的流向。三位四通电磁换向阀主要由阀体、电磁铁、阀芯和弹簧等部件组成。阀芯的位置不同，进油口P、工作口A、工作口B和回油口T之间会形成不同的连接方式，从而控制液体的流向。

2. 三位四通电磁换向阀中位机能的特点

三位四通电磁换向阀在常态位置上，各油口的连通方式称为滑阀的中位机能。当三位四通电磁换向阀的阀芯处于中间位置（即常态位置）时，各油口间可采用不同的连通方式，以满足执行装置处于非运动状态时系统的不同要求。滑阀中位机能不仅在阀芯处于中位时对系统性能有影响，而且在换向过程中对系统的性能也有影响。

实践操作

三位四通电磁换向阀换向回路如图3-3所示。

换向回路
安装与调试

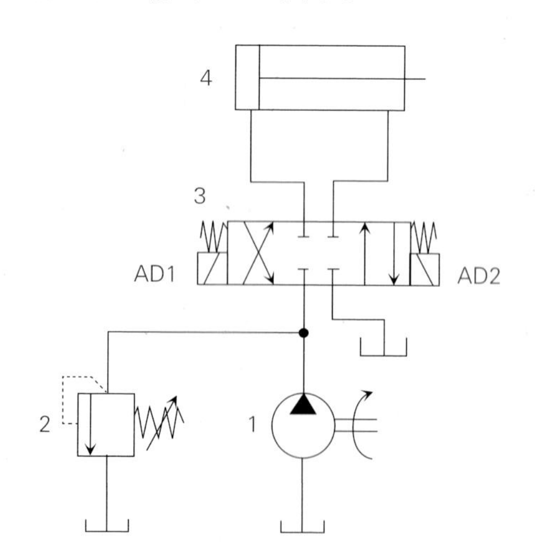

图3-3　三位四通电磁换向阀换向回路示意图

1—液压泵　2—直动式溢流阀

3—三位四通电磁换向阀　4—双作用单活塞杆液压缸

1. 液压回路的连接

（1）根据图3-3三位四通电磁换向阀换向回路的结构和组成，在THPHDW-01液压与气动综合实训系统上安装三位四通电磁换向阀，并检查其功能是否完好。

（2）根据图3-3所示三位四通电磁换向阀换向回路工作原理，连接并固定管件。

（3）确认管件连接处密封性是否良好。

2. 连接三位四通电磁换向阀的控制电路

在三位四通电磁换向阀上找到控制阀电源接口，给其接入24 V直流电源，通过按钮控制三位四通电磁换向阀的换向。电气控制原理图如图3-4所示。

3. 液压系统调试

（1）根据一级调压回路调节系统的压力。

（2）将“SB8”按钮按下，AD2得电，液压泵1压力油经换向阀3右位至液压缸

4 左腔，液压缸 4 活塞杆伸出。

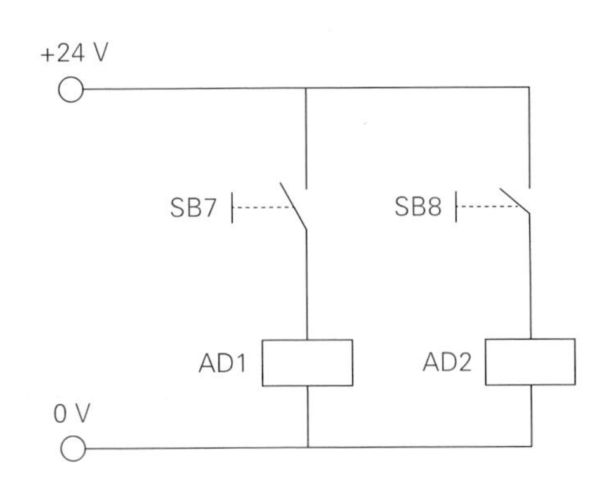

图 3–4　三位四通电磁换向阀换向电气控制原理图

（3）将“SB7”按钮按下，AD1 得电，液压泵 1 压力油经换向阀 3 左位至液压缸 4 右腔，液压缸 4 活塞杆退回。

（4）将“SB7”按钮复位，液压缸 5 活塞停止运动。

4. 恢复设备

（1）先旋松直动式溢流阀调节手柄上的锁紧螺母，再将调节手柄逆时针旋转进行卸荷。

（2）关闭叶片泵启动开关和 24 V 控制电源。

（3）拆卸所搭接电气接线，并整理归位四工位架。

（4）拆卸所搭接的液压管件，并将液压元件、油管等整理归位。

5. 工艺要求及注意事项

（1）液压元件安装要牢固，不能出现松动。

（2）安装前检查液压阀密封圈有无脱落，是否过度磨损、老化、失去弹性等。

（3）安装前检查接线是否断路，接线接头接入要牢固。

（4）管路连接要可靠，油管快速接口接入要牢固。

（5）管路走向要合理，避免管路交叉。

（6）操作过程要安全、文明、规范。

思考与练习

根据此实训任务尝试完成“H”型三位四通电磁换向阀控制的锁紧换向回路的设计。

任务二工单　换向回路

1. 任务分组

班级		组号		指导老师	
组长		学号			
小组成员	姓名	学号	角色分工		
			监护人员		
			操作人员		
			记录人员		
			评分人员		

2. 任务准备清单

任务内容	任务要求	验收方式
熟悉液压元件	(1)掌握三位四通电磁换向阀的工作原理、图形符号、实物元件； (2)掌握三位四通电磁换向阀中位机能的工作原理、图形符号、实物元件； (3)掌握液压回路元件名称、作用； (4)掌握液压回路的分析方法。	材料提交
换向回路的安装与调试	(1)操作过程符合安全操作规范； (2)回路安装要正确、完整、安全、可靠； (3)系统回路的调定。	成果展示

3. 任务实施清单

任务	内容
写出三位四通电磁换向阀的工作原理，并画出图形符号	

任务	内容
写出三位四通电磁换向阀中位机能的工作原理，并画出图形符号	
写出柱塞式液压缸的工作原理，并画出图形符号	
分析图 3-3 所示三位四通电磁换向阀换向回路	
根据此实训任务尝试完成“H”型三位四通电磁换向阀控制的锁紧换向回路的设计	

4.安装调试记录单

主要内容	实施情况	完成情况
工具准备		
液压元件选用及检查		
换向回路安装调试		
恢复设备		

5. 检查记录工作单

检查项目	检查内容	评分标准		记录
资讯确认清单检查	内容准确、完备	完美	3分	
		完成	2分	
		完成一部分	1分	
		未完成	0分	
安装调试检查	安装调试记录单完成情况	酌情给分	1分	
	元件安装情况(元件安装是否牢固,元件选用是否错误,是否存在漏接、脱落、漏油)	酌情给分	3分	
	布线情况(布局是否合理、长度是否合理、有无扎绑或扎绑不到位)	酌情给分	1分	
	油路情况(油路是否通畅、调试是否正确)	酌情给分	1分	
文明实训	工具、元器件是否整齐摆放;是否及时清理工位;是否遵守劳动纪律;是否遵循操作规范;是否具有安全操作意识	酌情给分	1分	
成绩合计				

6. 实训中存在的问题及改进

任务三　锁紧回路

任务介绍

一、实训目的

（1）认识“O”型与“Y”型中位机能三位四通电磁换向阀、液控单向阀等液压元件的实物及其符号；

（2）熟悉“O”型与“Y”型中位机能三位四通电磁换向阀、液控单向阀等液压元件的工作原理；

（3）掌握锁紧回路的工作原理及特点；

（4）熟悉实训设备、液压元件、管路、电气控制回路等的连接、固定方法和操作规则；

（5）了解常见锁紧回路的构成和特点。

二、实训器材

（1）THPHDW-02工业双泵液压站；

（2）THPHDW-01液压与气动综合实训系统；

（3）直动式溢流阀；

（4）三位四通电磁换向阀；

（5）液控单向阀；

（6）双作用液压缸；

（7）油管及连接导线若干；

（8）内六角扳手。

任务分析

根据实训任务要求，掌握液压元件的符号及工作原理，能够根据锁紧回路原理图，使用对应的液压元件搭建液压回路，并能熟练地调试锁紧回路。

相关知识

1.液控单向阀的工作原理

液控单向阀的基本功能是在一个方向上允许流体自由流动，同时在另一个方向上阻止流体流动，这主要通过阀芯和阀座之间的相互作用实现。当流体从正向流入液压阀时，阀芯被液压力推动打开，允许流体顺畅通过；当流体从反向流入时，阀芯关闭，防止流体流动。液控单向阀的一个重要特点是可以通过控制油路实现单向阀的反向流通。当控制油路未接通压力油液时，液控单向阀类似于普通单向阀，只允许压力油从进油口流向出油口，不能反向流动。但当控制油路有控制压力输入时，活塞顶杆在压力作用下移动，用顶杆顶开单向阀，使进出油口接通，从而实现压力油反向流动。

2.“O”型与“Y”型三位四通电磁换向阀中位机能的工作原理

“O”型三位四通电磁换向阀中位机能：各油口全部封闭，缸两腔封闭，系统不卸荷；液压缸充满油，从静止到起动平稳；制动时运动惯性引起液压冲击较大；换向位置精度高。“Y”型三位四通电磁换向阀中位机能：液压泵不卸荷，缸两腔通回油，缸成浮动状态；由于缸两腔接油箱从静止到起动有冲击，制动性能介于“O”型与“H”型之间。

实践操作

换向阀锁紧回路如图3-5所示，液控单向阀锁紧回路如图3-6所示。

锁紧回路安装与调试

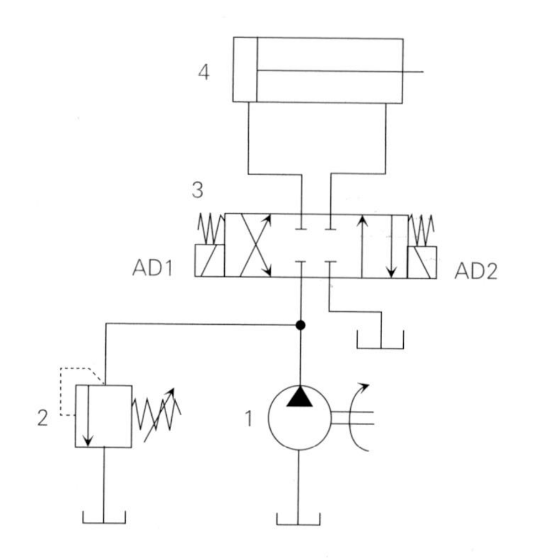

图3-5　换向阀锁紧回路示意图

1—液压泵　2—直动式溢流阀

3—三位四通电磁换向阀　4—双作用单活塞杆液压缸

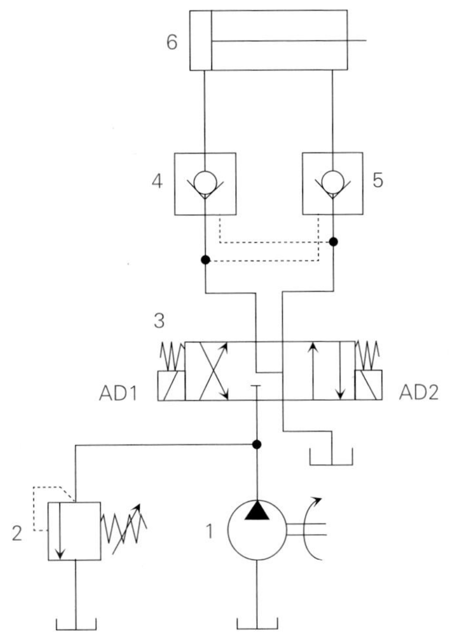

图3-6　液控单向阀锁紧回路示意图

1—液压泵　2—直动式溢流阀　3—三位四通电磁换向阀（“Y”型）

4、5—液控单向阀　6—双作用单活塞杆液压缸

1.液压回路的连接

（1）根据图3-5换向阀锁紧回路和图3-6液控单向阀锁紧回路的结构和组成，分别在THPHDW-01液压与气动综合实训系统上安装三位四通电磁换向阀和液控单向阀，并检查其功能是否完好。

（2）根据图3-5、图3-6所示的锁紧回路工作原理，连接并固定管件。

（3）确认管件连接处密封性是否良好。

2.连接三位四通电磁换向阀的控制电路

在三位四通电磁换向阀上找到控制阀电源接口，给其接入24 V直流电源，通过按钮控制三位四通电磁换向阀的换向。电气控制原理图如图3-7所示。

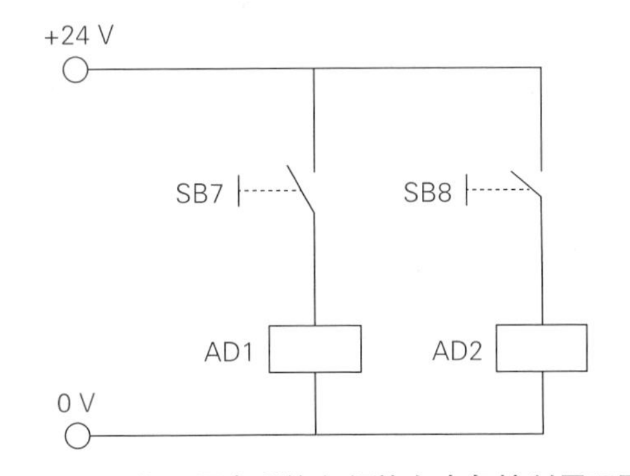

图3-7　三位四通电磁换向阀换向电气控制原理图

3.液压系统调试

（1）根据一级调压回路调节系统的压力。

（2）将“SB8”按钮按下，AD2 得电，液压泵 1 压力油经换向阀 3 右位至液压缸 6 左腔，液压缸 6 活塞杆伸出。

（3）将“SB7”按钮按下，AD2 失电，液压泵 1 压力油经换向阀 3 左位至液压缸 6 右腔，液压缸 6 活塞杆退回。

（4）将“SB7”按钮复位，液压缸 6 活塞停止运动。

4.恢复设备

（1）先旋松直动式溢流阀调节手柄上的锁紧螺母，再将调节手柄逆时针旋转进行卸荷。

（2）关闭叶片泵启动开关和24 V控制电源。

（3）拆卸所搭接电气接线，并整理归位四工位架。

（4）拆卸所搭接的液压管件，并将液压元件、油管等整理归位。

5.工艺要求及注意事项

（1）液压元件安装要牢固，不能出现松动。

（2）安装前检查液压阀密封圈有无脱落，是否过度磨损、老化、失去弹性等。

（3）安装前检查接线是否断路，接线接头接入要牢固。

（4）管路连接要可靠，油管快速接口接入要牢固。

（5）管路走向要合理，避免管路交叉。

（6）操作过程要安全、文明、规范。

思考与练习

根据此实训任务尝试完成单向阀控制锁紧回路的设计。

任务三工单　锁紧回路

1. 任务分组

班级		组号		指导老师	
组长		学号			
小组成员	姓名	学号	角色分工		
			监护人员		
			操作人员		
			记录人员		
			评分人员		

2. 任务准备清单

任务内容	任务要求	验收方式
熟悉液压元件	(1)掌握“O”型(或“M”型)中位机能三位四通电磁换向阀的工作原理、图形符号、实物元件; (2)掌握液控单向阀的工作原理、图形符号、实物元件; (3)掌握液压回路元件名称、作用; (4)掌握液压回路的分析方法。	材料提交
锁紧回路的安装与调试	(1)操作过程符合安全操作规范; (2)回路安装要正确、完整、安全、可靠; (3)系统回路的调定。	成果展示

3. 任务实施清单

任务	内容
写出“O”型中位机能三位四通电磁换向阀的工作原理,并画出图形符号	

任务	内容
写出"Y"型中位机能三位四通电磁换向阀的工作原理，并画出图形符号	
写出液控单向阀的工作原理，并画出图形符号	
分析图 3-5 和图 3-6 所示锁紧回路	
根据此实训任务尝试完成单向阀控制锁紧回路的设计	

4. 安装调试记录单

主要内容	实施情况	完成情况
工具准备		
液压元件选用及检查		
锁紧回路安装调试		
恢复设备		

5.检查记录工作单

<table>
<tr><th>检查项目</th><th>检查内容</th><th colspan="2">评分标准</th><th>记录</th></tr>
<tr><td rowspan="4">资讯确认
清单检查</td><td rowspan="4">内容准确、完备</td><td>完美</td><td>3分</td><td rowspan="4"></td></tr>
<tr><td>完成</td><td>2分</td></tr>
<tr><td>完成一部分</td><td>1分</td></tr>
<tr><td>未完成</td><td>0分</td></tr>
<tr><td rowspan="4">安装调试
检查</td><td>安装调试记录单完成情况</td><td>酌情给分</td><td>1分</td><td></td></tr>
<tr><td>元件安装情况(元件安装是否牢固,元件选用是否错误,是否存在漏接、脱落、漏油)</td><td>酌情给分</td><td>3分</td><td></td></tr>
<tr><td>布线情况(布局是否合理、长度是否合理、有无扎绑或扎绑不到位)</td><td>酌情给分</td><td>1分</td><td></td></tr>
<tr><td>油路情况(油路是否通畅、调试是否正确)</td><td>酌情给分</td><td>1分</td><td></td></tr>
<tr><td>文明实训</td><td>工具、元器件是否整齐摆放;是否及时清理工位;是否遵守劳动纪律;是否遵循操作规范;是否具有安全操作意识</td><td>酌情给分</td><td>1分</td><td></td></tr>
<tr><td colspan="4">成绩合计</td><td></td></tr>
</table>

6.实训中存在的问题及改进

任务四　换向阀中位保压回路

任务介绍

一、实训目的

（1）认识“O”型中位机能三位四通电磁换向阀等液压元件的实物及其符号；

（2）熟悉“O”型中位机能三位四通电磁换向阀的工作原理及其在液压系统中保压的应用；

（3）掌握保压回路的工作原理及特点；

（4）熟悉实训设备、液压元件、管路、电气控制回路等的连接、固定方法和操作规则。

二、实训器材

（1）THPHDW-02工业双泵液压站；

（2）THPHDW-01液压与气动综合实训系统；

（3）直动式溢流阀；

（4）三位四通电磁换向阀；

（5）双作用液压缸；

（6）油管及连接导线若干；

（7）内六角扳手。

任务分析

根据实训任务要求，掌握液压元件的符号及工作原理，能够根据换向阀中位保压回路原理图，使用对应的液压元件搭建液压回路，并能熟练地调试换向阀中位保压回路。

相关知识

1.“O”型中位机能三位四通电磁换向阀的工作原理

“O”型三位四通电磁换向阀的中位机能是通过控制阀芯的移动来实现的。当阀芯处于中间位置时，通过“O”型密封圈将输入口与A、B、P口完全隔离开来，使得液压系统中的流体无法通过阀芯进入到输出口或返回到输入口。阀芯的移动是由电磁力和弹簧力共同作用的结果。当液压力在阀芯两侧均相等时，弹簧力将阀芯保持

在中间位置。

2. 蓄能器的工作原理

蓄能器通常由一个密封的容器和内部的压缩液体组成。当系统中的压力超过蓄能器的设定压力时，多余的能量会使蓄能器内的液体被压缩，从而储存能量；当系统需要时，蓄能器释放储存的液体，帮助平衡系统压力或提供所需的能量。

弹簧式蓄能器。弹簧式蓄能器利用弹簧的弹性变形来储存能量，当系统中的压力超过设定值时，弹簧被压缩，储存能量；当系统需要时，弹簧释放储存的能量。

实践操作

换向阀中位保压回路如图3-8所示。

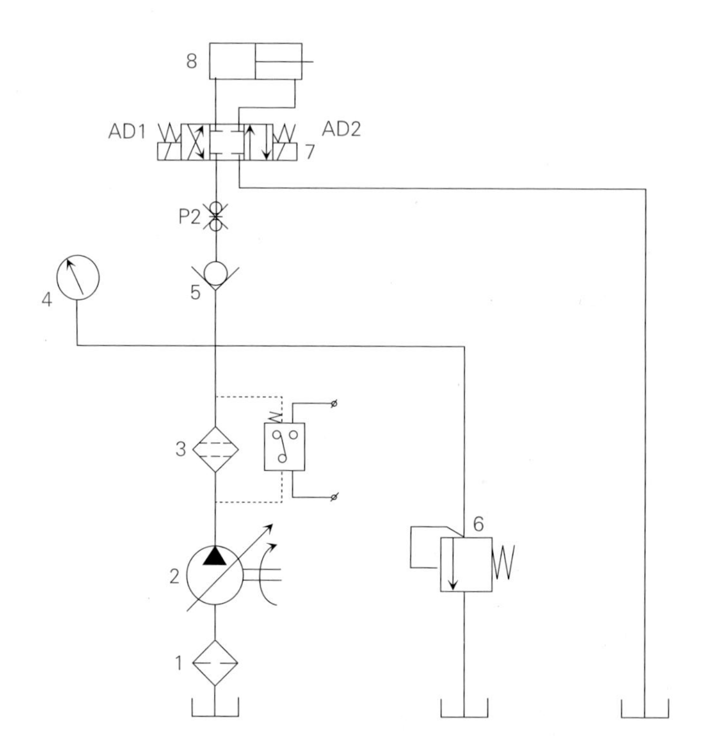

图3-8 换向阀中位保压回路示意图

1—吸油过滤器 2—变量叶片泵 3—高压过滤器

4—压力表 5—单向阀 6—直动式溢流阀

7—三位四通电磁换向阀（“O”型） 8—双作用单活塞杆液压缸

1. 液压回路的连接

（1）根据图3-8换向阀中位保压回路的结构和组成，在THPHDW-01液压与气动综合实训系统上安装三位四通电磁换向阀，并检查其功能是否完好。

（2）根据图3-8换向阀中位保压回路工作原理，连接并固定管件。

（3）确认管件连接处密封性是否良好。

2.连接三位四通电磁换向阀的控制电路

在三位四通电磁换向阀上找到控制阀电源接口，给其接入24 V直流电源，通过按钮控制三位四通电磁换向阀的换向。电气控制原理图如图3–9所示。

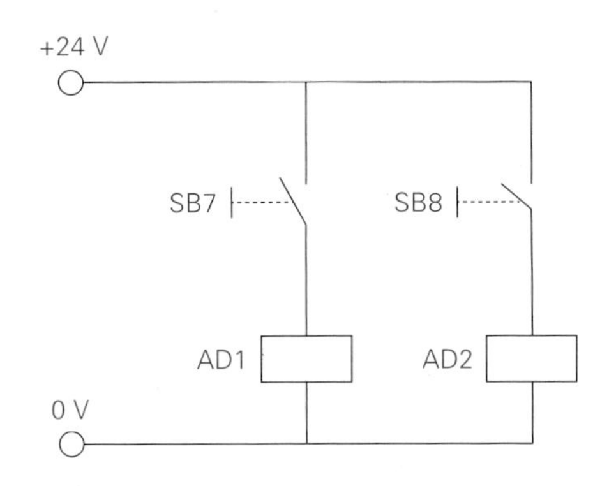

图3–9　三位四通电磁换向阀换向电气控制原理图

3.液压系统调试

（1）根据一级调压回路调节系统的压力。

（2）将“SB8”按钮按下，AD2得电，变量叶片泵2压力油经三位四通电磁换向阀（“O”型）7右位至液压缸8左腔，液压缸8活塞杆伸出。

（3）将“SB7”按钮按下，AD1得电，变量叶片泵2压力油经三位四通电磁换向阀（“O”型）7左位至液压缸8右腔，液压缸8活塞杆退回。

（4）将“SB7”按钮复位，液压缸8活塞停止运动，三位四通电磁换向阀（“O”型）P口堵死保压。

4.恢复设备

（1）先旋松直动式溢流阀调节手柄上的锁紧螺母，再将调节手柄逆时针旋转进行卸荷。

（2）关闭叶片泵启动开关和24 V控制电源。

（3）拆卸所搭接电气接线，并整理归位四工位架。

（4）拆卸所搭接的液压管件，并将液压元件、油管等整理归位。

5.工艺要求及注意事项

（1）液压元件安装要牢固，不能出现松动。

（2）安装前检查液压阀密封圈有无脱落，是否过度磨损、老化、失去弹性等。

（3）安装前检查接线是否断路，接线接头接入要牢固。

（4）管路连接要可靠，油管快速接口接入要牢固。

（5）管路走向要合理，避免管路交叉。

（6）操作过程要安全、文明、规范。

思考与练习

根据此实训任务尝试完成蓄能器控制的保压回路的设计。

任务四工单　换向阀中位保压回路

1.任务分组

班级		组号		指导老师	
组长		学号			
小组成员	姓名	学号	角色分工		
			监护人员		
			操作人员		
			记录人员		
			评分人员		

2.任务准备清单

任务内容	任务要求	验收方式
熟悉液压元件	(1)掌握“O”型中位机能三位四通电磁换向阀等液压元件的实物及其符号; (2)掌握“O”型中位机能三位四通电磁换向阀的工作原理及其在液压系统中保压的应用; (3)掌握液压回路元件名称、作用; (4)掌握液压回路的分析方法。	材料提交
换向阀中位保压回路的安装与调试	(1)操作过程符合安全操作规范; (2)回路安装要正确、完整、安全、可靠; (3)系统回路的调定。	成果展示

3.任务实施清单

任务	内容
写出“O”型中位机能三位四通电磁换向阀的工作原理,并画出图形符号	

任务	内容
分析“O”型中位机能三位四通电磁换向阀如何进行保压	
写出蓄能器的工作原理，并画出图形符号	
分析图 3-8 所示换向阀中位保压回路	
根据此实训任务尝试完成蓄能器控制的保压回路的设计	

4. 安装调试记录单

主要内容	实施情况	完成情况
工具准备		
液压元件选用及检查		
换向阀中位保压回路安装调试		
恢复设备		

5.检查记录工作单

检查项目	检查内容	评分标准		记录
资讯确认清单检查	内容准确、完备	完美	3分	
		完成	2分	
		完成一部分	1分	
		未完成	0分	
安装调试检查	安装调试记录单完成情况	酌情给分	1分	
	元件安装情况(元件安装是否牢固,元件选用是否错误,是否存在漏接、脱落、漏油)	酌情给分	3分	
	布线情况(布局是否合理、长度是否合理、有无扎绑或扎绑不到位)	酌情给分	1分	
	油路情况(油路是否通畅、调试是否正确)	酌情给分	1分	
文明实训	工具、元器件是否整齐摆放;是否及时清理工位;是否遵守劳动纪律;是否遵循操作规范;是否具有安全操作意识	酌情给分	1分	
成绩合计				

6.实训中存在的问题及改进

流量控制回路

思政讲堂

“蓝鲸1号”是我国自主研发制造的全世界最大、钻井深度最深的双钻塔半潜式海上钻井平台，适用于全球深海作业。驱动这套钻井系统的是强大的电力和液压供应。“蓝鲸1号”上的电力系统所能提供的电力足够一个人口达50万人的小城市使用。而在计算机的控制下，该电力系统还可以根据工作强度智能地调节工作效率。在闲置的时候自动关闭其中一些发电机，这样可降低钻井平台11%的油耗，主机的维护费用更是节省了一半。这些充沛的电力又驱动着全球最大、装载了16万L液压油的液压动力站，同时这套复杂的系统还拥有多达5 000 m高度清洁的管道。正是这样天衣无缝的配合，赋予了“蓝鲸1号”在3 600 m水深环境下精确钻井15 250 m的逆天能力，使其成为全世界钻井能力最强的钻井平台。

实训目标

（1）认识节流阀、调速阀等液压元件实物及其符号。

（2）熟悉节流阀、调速阀等液压元件工作原理。

（3）掌握流量控制回路的工作原理及特点。

（4）熟悉实训设备、液压元件、管路、电气控制回路等的连接、固定方法和操作规则。

任务一　单向节流阀进油节流调速回路

任务介绍

一、实训目的

（1）认识节流阀等液压元件实物及其符号；

（2）熟悉节流阀等液压元件工作原理；

（3）掌握单向节流阀进油节流调速回路的工作原理及特点；

（4）熟悉实训设备、液压元件、管路、电气控制回路等的连接、固定方法和操作规则。

二、实训器材

（1）THPHDW-02工业双泵液压站；

（2）THPHDW-01液压与气动综合实训系统；

（3）直动式溢流阀；

（4）二位四通电磁换向阀；

（5）单向节流阀；

（6）双作用液压缸；

（7）油管及连接导线若干；

（8）内六角扳手。

任务分析

根据实训任务要求，掌握液压元件符号及工作原理，能够根据单向节流阀进油节流调速回路原理图，使用对应的液压元件搭建液压回路，并能熟练地调试单向节流阀进油节流调速回路。

相关知识

液压元件

节流阀是通过改变节流截面或节流长度以控制流体流量的阀门。将节流阀和单向阀并联则可组合成单向节流阀。节流阀和单向节流阀是简易的流量控制阀，在定量泵液压系统中，节流阀和溢流阀配合，可组成三种节流调速系统，即进油路节流调速系统、回油路节流调速系统和旁路节流调速系统。节流阀没有流量负反馈功能，

不能补偿由负载变化所造成的速度不稳定，一般仅用于负载变化不大或对速度稳定性要求不高的场合。

实践操作

单向节流阀进油节流调速回路如图4-1所示。

单向节流阀进油节流调速回路安装与调试

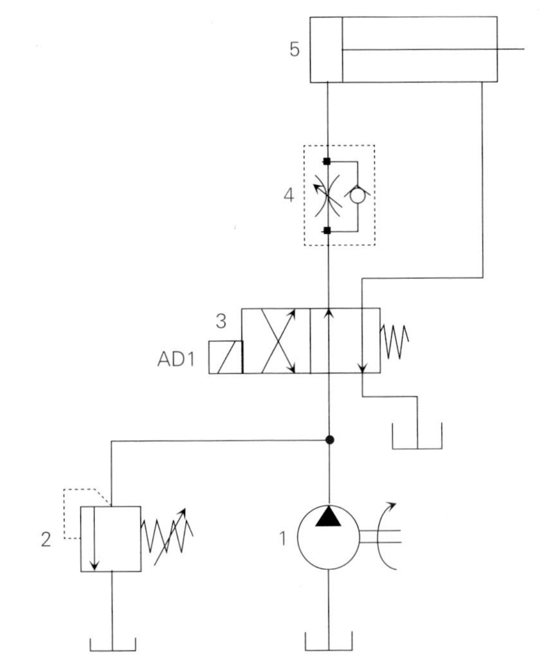

图4-1　单向节流阀进油节流调速回路示意图

1—液压缸　2—直动式溢流阀　3—二位四通电磁换向阀

4—单向节流阀　5—双作用单活塞杆液压缸

1.液压回路的连接

（1）根据图4-1单向节流阀进油节流调速回路的结构和组成，在THPHDW-01液压与气动综合实训系统上安装二位四通电磁换向阀、单向节流阀，并检查其功能是否完好。

（2）根据图4-1所示单向节流阀进油节流调速回路工作原理，连接并固定管件。

（3）确认管件连接处密封性是否良好。

2.连接二位四通电磁换向阀的控制电路

在二位四通电磁换向阀上找到控制阀电源接口，给其接入24 V直流电源，通过按钮控制二位四通电磁换向阀的换向。电气控制原理图如图4-2所示。

3.液压系统调试

（1）将溢流阀2调节手柄逆时针旋松、单向节流阀4顺时针调紧，按下“启动”

按钮，将“油泵系统压力”旋钮旋至“加载”状态。

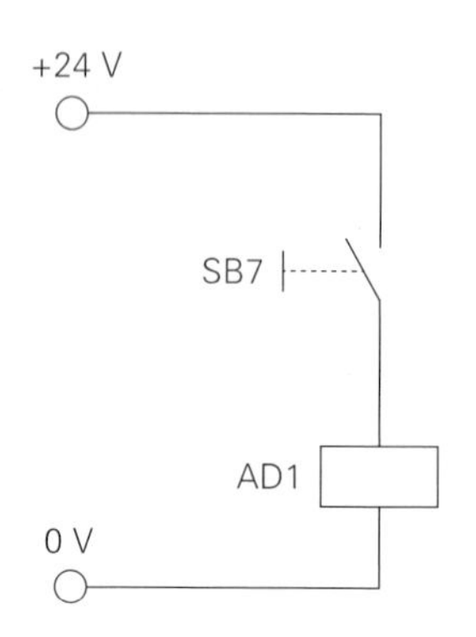

图4–2　单向节流阀进油节流调速回路
电气控制原理图

（2）顺时针调紧溢流阀2调节手柄，使系统压力表示值为4 MPa，按下“SB7”按钮，逐渐旋松单向节流阀4调节手柄，观察液压缸5的运行情况。

（3）松开“SB7”按钮，在液压缸活塞杆伸出过程中，逐渐旋紧单向节流阀4，观察液压缸5的运行情况。

4. 恢复设备

（1）先旋松直动式溢流阀调节手柄上的锁紧螺母，再将调节手柄逆时针旋转进行卸荷。

（2）关闭叶片泵启动开关和24 V控制电源。

（3）拆卸所搭接电气接线，并整理归位四工位架。

（4）拆卸所搭接的液压管件，并将液压元件、油管等整理归位。

5. 工艺要求及注意事项

（1）液压元件安装要牢固，不能出现松动。

（2）安装前检查液压阀密封圈有无脱落，是否过度磨损、老化、失去弹性等。

（3）安装前检查接线是否断路，接线接头接入要牢固。

（4）管路连接要可靠，油管快速接口接入要牢固。

（5）管路走向要合理，避免管路交叉。

（6）操作过程要安全、文明、规范。

思考与练习

根据此实训任务，尝试完成单向节流阀回油节流调速回路的设计。

任务一工单 单向节流阀进油节流调速回路

1.任务分组

班级		组号		指导老师	
组长		学号			
小组成员	姓名	学号	角色分工		
			监护人员		
			操作人员		
			记录人员		
			评分人员		

2.任务准备清单

任务内容	任务要求	验收方式
熟悉液压元件	(1)掌握单向节流阀、二位四通电磁换向阀的工作原理、图形符号、实物元件; (2)掌握单向节流阀进油节流调速回路的工作原理; (3)掌握液压回路元件名称、作用; (4)掌握液压回路的分析方法。	材料提交
单向节流阀进油节流调速回路的安装与调试	(1)操作过程符合安全操作规范; (2)回路安装要正确、完整、安全、可靠; (3)系统回路的调定。	成果展示

3.任务实施清单

任务	内容
写出单向节流阀的工作原理,并画出图形符号	

任务	内容
分析图 4-1 所示单向节流阀进油节流调速回路	
根据此实训任务，尝试完成单向节流阀进油节流调速回路的设计	

4. 安装调试记录单

主要内容	实施情况	完成情况
工具准备		
液压元件选用及检查		
单向节流阀进油节流调速回路安装调试		
恢复设备		

5. 检查记录工作单

检查项目	检查内容	评分标准		记录
资讯确认清单检查	内容准确、完备	完美	3分	
		完成	2分	
		完成一部分	1分	
		未完成	0分	
安装调试检查	安装调试记录单完成情况	酌情给分	1分	
	元件安装情况(元件安装是否牢固,元件选用是否错误,是否存在漏接、脱落、漏油)	酌情给分	3分	
	布线情况(布局是否合理、长度是否合理、有无扎绑或扎绑不到位)	酌情给分	1分	
	油路情况(油路是否通畅、调试是否正确)	酌情给分	1分	
文明实训	工具、元器件是否整齐摆放;是否及时清理工位;是否遵守劳动纪律;是否遵循操作规范;是否具有安全操作意识	酌情给分	1分	
成绩合计				

6. 实训中存在的问题及改进

任务二　调速阀双向回油节流调速回路

任务介绍

一、实训目的

（1）认识调速阀等液压元件的实物及其符号；

（2）熟悉调速阀等液压元件的工作原理；

（3）掌握调速阀双向回油节流调速回路的工作原理及特点；

（4）熟悉实训设备、液压元件、管路、电气控制回路等的连接、固定方法和操作规则。

二、实训器材

（1）THPHDW-02工业双泵液压站；

（2）THPHDW-01液压与气动综合实训系统；

（3）直动式溢流阀；

（4）二位四通电磁换向阀；

（5）调速阀；

（6）双作用液压缸；

（7）油管及连接导线若干；

（8）内六角扳手。

任务分析

根据实训任务要求，掌握液压元件的符号及工作原理，能够根据调速阀双向回油节流调速回路原理图，使用对应的液压元件搭建液压回路，并能熟练地调试调速阀双向回油节流调速回路。

相关知识

液压元件

（1）调速阀

调速阀是由定差减压阀与节流阀串联而成的组合阀。节流阀用来调节通过的流量，定差减压阀则自动补偿负载变化的影响，使节流阀前后的压差为定值，消除负载变化对流量的影响。

节流阀前、后的压力分别引到减压阀阀芯右、左两端，当负载压力增大，作用在减压阀芯左端的液压力增大，阀芯右移，减压口加大，压降减小，从而使节流阀的压差保持不变；反之亦然。这样就能使调速阀的流量恒定不变（不受负载影响）。调速阀也可以设计成先节流后减压的结构。

（2）节流阀和调速阀的区别

节流阀和调速阀在原理、控制范围、流量控制方式、适用场合等方面有显著区别。

原理不同：节流阀通过改变节流截面或节流长度来控制流体流量，结构简单且成本低廉；调速阀通过改变调速阀的开度来控制工作缸的速度，具有更复杂的结构和较高的成本。控制范围不同：节流阀的控制范围较窄，主要控制流体流量；调速阀的控制范围较宽，可以同时控制流体流量和压力。流量控制方式不同：节流阀通过改变局部阻力来控制流量；调速阀通过调节阀门的开口大小来控制流量。适用场合不同：节流阀适用于流量变化较小的场合，如给水系统、空调系统等；调速阀适用于工业控制系统、变频调速系统等场合。负载变化适应性不同：节流阀没有流量负反馈功能，不能补偿负载变化引起的速度不稳定，适用于负载变化不大的场合；调速阀通过定差减压阀自动补偿负载变化的影响，保持流量稳定性，适用于高精度和高稳定性要求的场合。

实践操作

调速阀双向回油节流调速回路如图4-3所示。

调速阀双向回油节流调速回路安装与调试

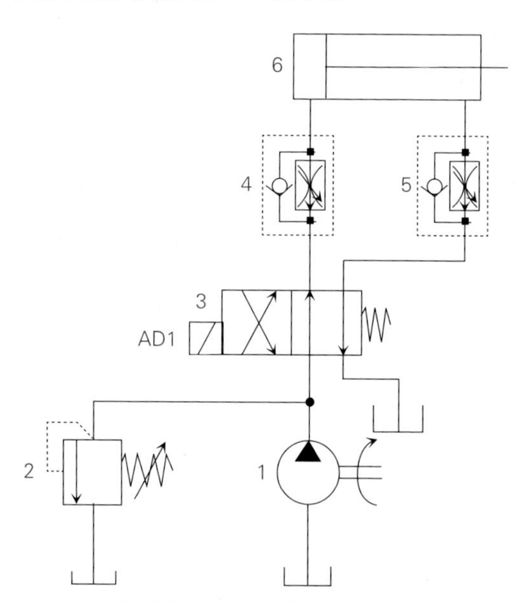

图4-3　调速阀双向回油节流调速回路示意图

1—液压泵　2—直动式溢流阀　3—二位四通电磁换向阀

4、5—调速阀　6—双作用单活塞杆液压缸

1.**液压回路的连接**

（1）根据图4–3调速阀双向回油节流调速回路的结构和组成，在THPHDW–01液压与气动综合实训系统上安装二位四通电磁换向阀、调速阀，并检查其功能是否完好。

（2）根据图4–3所示调速阀双向回油节流调速回路工作原理，连接并固定管件。

（3）确认管件连接处密封性是否良好。

2.**连接二位四通电磁换向阀的控制电路**

在二位四通电磁换向阀上找到控制阀电源接口，给其接入24 V直流电源，通过按钮控制二位四通电磁换向阀的换向。电气控制原理图如图4–4所示。

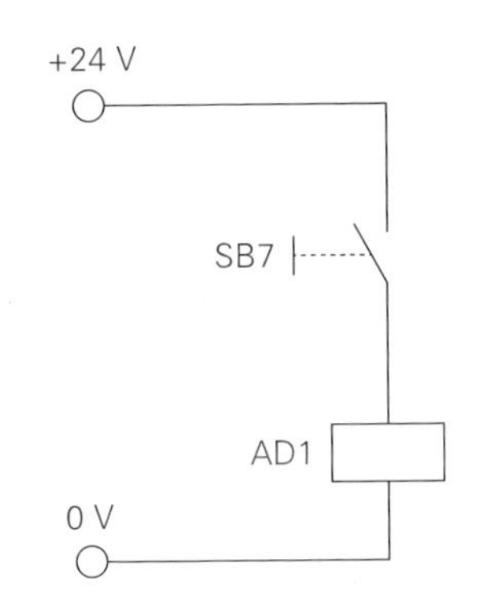

图4–4　调速阀双向回油节流调速回路电气控制原理图

3.**液压系统调试**

（1）将溢流阀2调节手柄逆时针旋松、调速阀4和5顺时针调紧，按下“启动”按钮，将“油泵系统压力”旋钮旋至“加载”状态。

（2）顺时针调紧溢流阀2调节手柄，使系统压力表示值为4 MPa，按下“SB7”按钮，逐渐旋松调速阀5调节手柄，观察液压缸6的运行情况。

（3）松开“SB7”按钮，在液压缸活塞杆伸出过程中，逐渐旋紧调速阀4，观察液压缸6的运行情况。

4.**恢复设备**

（1）先旋松直动式溢流阀调节手柄上的锁紧螺母，再将调节手柄逆时针旋转进行卸荷。

（2）关闭叶片泵启动开关和24 V控制电源。

（3）拆卸所搭接电气接线，并整理归位四工位架。

（4）拆卸所搭接的液压管件，并将液压元件、油管等整理归位。

5.**工艺要求及注意事项**

（1）液压元件安装要牢固，不能出现松动。

（2）安装前检查液压阀密封圈有无脱落，是否过度磨损、老化、失去弹性等。

（3）安装前检查接线是否断路，接线接头接入要牢固。

（4）管路连接要可靠，油管快速接口接入要牢固。

（5）管路走向要合理，避免管路交叉。

（6）操作过程要安全、文明、规范。

思考与练习

根据此实训任务，尝试完成调速阀双向进油节流调速回路的设计。

任务二工单　调速阀双向回油节流调速回路

1. 任务分组

班级		组号		指导老师	
组长		学号			
小组成员	姓名	学号	角色分工		
			监护人员		
			操作人员		
			记录人员		
			评分人员		

2. 任务准备清单

任务内容	任务要求	验收方式
熟悉液压元件	(1)掌握调速阀、二位四通电磁换向阀的工作原理、图形符号、实物元件； (2)掌握调速阀双向回油节流调速回路的工作原理； (3)掌握液压回路元件名称、作用； (4)掌握液压回路的分析方法。	材料提交
调速阀双向回油节流调速回路的安装与调试	(1)操作过程符合安全操作规范； (2)回路安装要正确、完整、安全、可靠； (3)系统回路的调定。	成果展示

3. 任务实施清单

任务	内容
写出调速阀的工作原理，并画出图形符号	

任务	内容
分析图 4-3 所示调速阀双向回油节流调速回路	
根据此实训任务，尝试完成调速阀双向回油节流调速回路的设计	

4. 安装调试记录单

主要内容	实施情况	完成情况
工具准备		
液压元件选用及检查		
调速阀双向回油节流调速回路安装调试		
恢复设备		

5. 检查记录工作单

检查项目	检查内容	评分标准		记录
资讯确认清单检查	内容准确、完备	完美	3分	
		完成	2分	
		完成一部分	1分	
		未完成	0分	
安装调试检查	安装调试记录单完成情况	酌情给分	1分	
	元件安装情况(元件安装是否牢固,元件选用是否错误,是否存在漏接、脱落、漏油)	酌情给分	3分	
	布线情况(布局是否合理、长度是否合理、有无扎绑或扎绑不到位)	酌情给分	1分	
	油路情况(油路是否通畅、调试是否正确)	酌情给分	1分	
文明实训	工具、元器件是否整齐摆放;是否及时清理工位;是否遵守劳动纪律;是否遵循操作规范;是否具有安全操作意识	酌情给分	1分	
成绩合计				

6. 实训中存在的问题及改进

任务三　速度换接回路

任务介绍

一、实训目的

（1）认识调速阀、单向调速阀等液压元件的实物及其符号；

（2）熟悉调速阀、单向调速阀等液压元件的工作原理；

（3）掌握速度换接回路的工作原理及特点；

（4）熟悉实训设备、液压元件、管路、电气控制回路等的连接、固定方法和操作规则；

（5）掌握调速阀串联速度与调速阀并联速度换接回路的差别及工作原理。

二、实训器材

（1）THPHDW-02工业双泵液压站；

（2）THPHDW-01液压与气动综合实训系统；

（3）直动式溢流阀；

（4）二位三通电磁换向阀；

（5）二位四通电磁换向阀；

（6）单向调速阀；

（7）双作用液压缸；

（8）油管及连接导线若干；

（9）内六角扳手。

任务分析

根据实训任务要求，掌握液压元件符号及工作原理，能够根据速度换接回路原理图，使用对应的液压元件搭建液压回路，并能熟练地调试速度换接回路。

相关知识

1.调速阀的工作原理

调速阀的工作原理主要基于压力补偿和节流阀的控制。调速阀通常由定差减压阀和节流阀串联而成。节流阀前后的压力分别作用于减压阀的左右两端，当负载增加导致节流阀后的压力上升时，减压阀会自动调整，使减压口增大，从而减小压降，保持节流阀前后的压差恒定。这样，即使负载发生变化，调速阀的流量也能保持恒定，不受负载影响。此外，调速阀的结构包括阀体、阀盖、阀芯、弹簧和连接板等部件。阀芯可以上下移动，控制阀口的大小，从而调节流体流速。弹簧则用于调整阀芯的开度，进一步控制流速。在操作过程中，流体从进口流入，经过阀体中的缩流段和节流口，流速得到限制和调整，最终从出口流出。

2. 单向调速阀的工作原理

单向调速阀的工作原理主要基于单向阀和节流阀的组合，从而使液压系统中的流体流动速度保持恒定，不受负载变化的影响。当液体流动时，它会进入单向阀中，如果单向阀的开口方向与液体流动方向相同，液体会顺畅地通过单向阀；如果单向阀的开口方向与液体流动方向相反，则单向阀会自动关闭，阻止液体流动。节流阀前后的压力分别引到减压阀芯的两端，当负载压力增大时，作用在减压阀芯左端的液体压力增大，阀芯右移，减压口加大，压降减小，从而使节流阀的压差保持不变；反之亦然。

实践操作

调速阀串联速度换接回路如图4-5所示。

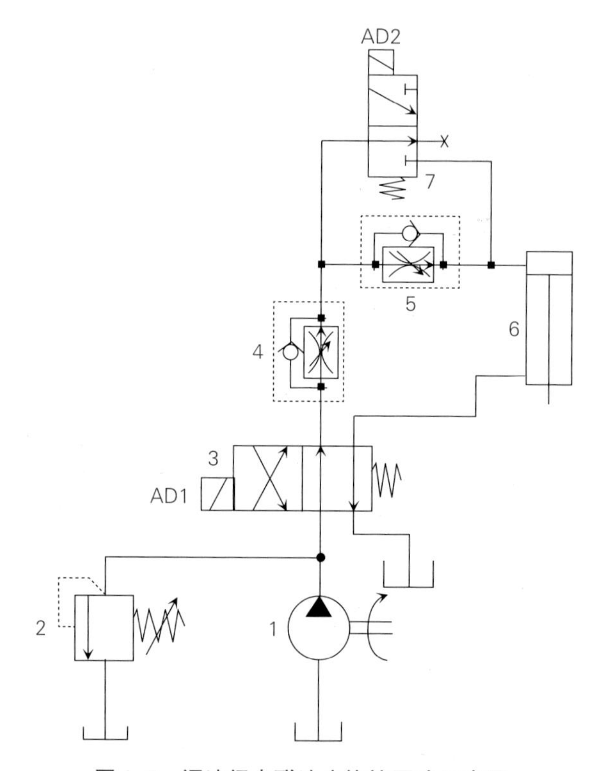

图4-5 调速阀串联速度换接回路示意图

1—液压泵 2—直动式溢流阀 3—二位四通电磁换向阀

4、5—单向调速阀 6—双作用单活塞杆液压缸 7—二位三通电磁换向阀

1.**液压回路的连接**

（1）根据图4-5调速阀串联速度换接回路的结构和组成，在THPHDW-01液压与气动综合实训系统上安装二位三通电磁换向阀、二位四通电磁换向阀、单向调速阀，并检查其功能是否完好。

（2）根据图4-5所示调速阀串联速度换接回路工作原理，连接并固定管件。

（3）确认管件连接处密封性是否良好。

2.**连接二位三通电磁换向阀、二位四通电磁换向阀的控制电路**

在二位三通电磁换向阀、二位四通电磁换向阀上找到控制阀电源接口，给其接入24 V直流电源，通过按钮控制二位三通电磁换向阀、二位四通电磁换向阀的换向。电气控制原理图如图4-6所示。

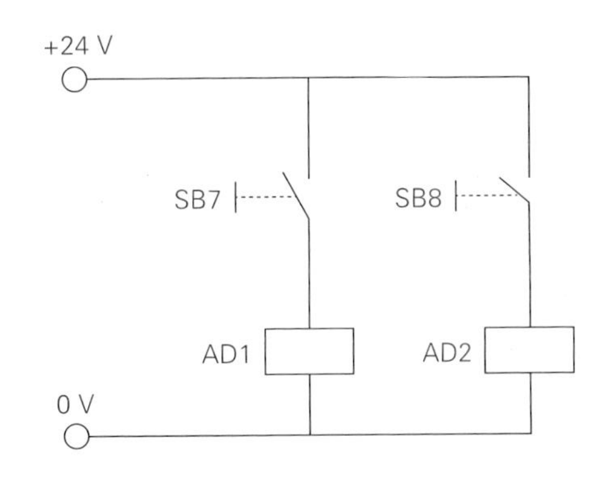

图4-6　调速阀串联速度换接回路电气控制原理图

3.**液压系统调试**

（1）根据一级调压回路调节系统的压力。

（2）将“SB7”“SB8”按钮同时松开，电磁铁AD1失电、AD2失电，液压泵1的压力油经换向阀3右位，单向调速阀4、5进入液压缸6上腔，液压缸6下腔回油经换向阀3右位进入油箱，实现液压缸6使活塞快速向下运动。

（3）将“SB7”按钮松开，“SB8”按钮按下，电磁铁AD1失电、AD2得电，液压泵1的压力油经换向阀3右位、单向调速阀4、二位三通电磁换向阀7进入液压缸6上腔，液压缸6下腔回油经换向阀3右位进入油箱，实现慢速运动，活塞换速向下运动。

（4）将“SB7”按钮复位，液压缸6活塞退回。

4.**恢复设备**

（1）先旋松直动式溢流阀调节手柄上的锁紧螺母，再将调节手柄逆时针旋转进行卸荷。

（2）关闭叶片泵启动开关和24 V控制电源。

（3）拆卸所搭接电气接线，并整理归位四工位架。

（4）拆卸所搭接的液压管件，并将液压元件、油管等整理归位。

5.工艺要求及注意事项

（1）液压元件安装要牢固，不能出现松动。

（2）安装前检查液压阀密封圈有无脱落，是否过度磨损、老化、失去弹性等。

（3）安装前检查接线是否断路，接线接头接入要牢固。

（4）管路连接要可靠，油管快速接口接入要牢固。

（5）管路走向要合理，避免管路交叉。

（6）操作过程要安全、文明、规范。

思考与练习

根据此实训任务尝试完成调速阀并联速度换接回路的设计。

任务三工单　速度换接回路

1.任务分组

班级		组号		指导老师	
组长		学号			
小组成员	姓名	学号	角色分工		
			监护人员		
			操作人员		
			记录人员		
			评分人员		

2.任务准备清单

任务内容	任务要求	验收方式
熟悉液压元件	(1)掌握调速阀、单向调速阀的工作原理、图形符号、实物元件； (2)掌握调速阀串联速度与调速阀并联速度换接回路的工作原理； (3)掌握液压回路元件名称、作用； (4)掌握液压回路的分析方法。	材料提交
速度换接回路的安装与调试	(1)操作过程符合安全操作规范； (2)回路安装要正确、完整、安全、可靠； (3)系统回路的调定。	成果展示

3.任务实施清单

任务	内容
写出调速阀的工作原理，并画出图形符号	

任务	内容
写出单向调速阀的工作原理，并画出图形符号	
分析图 4-5 所示调速阀串联速度换接回路	
根据此实训任务尝试完成调速阀并联速度换接回路的设计	

4. 安装调试记录单

主要内容	实施情况	完成情况
工具准备		
液压元件 选用及检查		
速度换接回路 安装调试		
恢复设备		

5. 检查记录工作单

<table>
<tr><th>检查项目</th><th>检查内容</th><th colspan="2">评分标准</th><th>记录</th></tr>
<tr><td rowspan="4">资讯确认清单检查</td><td rowspan="4">内容准确、完备</td><td>完美</td><td>3分</td><td rowspan="4"></td></tr>
<tr><td>完成</td><td>2分</td></tr>
<tr><td>完成一部分</td><td>1分</td></tr>
<tr><td>未完成</td><td>0分</td></tr>
<tr><td rowspan="4">安装调试检查</td><td>安装调试记录单完成情况</td><td>酌情给分</td><td>1分</td><td></td></tr>
<tr><td>元件安装情况(元件安装是否牢固,元件选用是否错误,是否存在漏接、脱落、漏油)</td><td>酌情给分</td><td>3分</td><td></td></tr>
<tr><td>布线情况(布局是否合理、长度是否合理、有无扎绑或扎绑不到位)</td><td>酌情给分</td><td>1分</td><td></td></tr>
<tr><td>油路情况(油路是否通畅、调试是否正确)</td><td>酌情给分</td><td>1分</td><td></td></tr>
<tr><td>文明实训</td><td>工具、元器件是否整齐摆放;是否及时清理工位;是否遵守劳动纪律;是否遵循操作规范;是否具有安全操作意识</td><td>酌情给分</td><td>1分</td><td></td></tr>
<tr><td colspan="4">成绩合计</td><td></td></tr>
</table>

6. 实训中存在的问题及改进

项目五 气动回路

思政讲堂

“南仁东星”是为纪念我国一位著名的天文学家——南仁东而命名的。他曾任我国500 m口径球面射电望远镜工程的首席科学家兼总工程师，是“中国天眼”项目的发起者和奠基人，被称为“天眼之父”。南仁东先后求学于清华大学和中国科学院，曾赴多国访问，在日本国立天文台担任客座教授，受到国外天文界的青睐。最后，他选择放弃国外的高薪工作，毅然回到中国科学院北京天文台。为了给中国的新一代射电望远镜找到一个最合适的台址，南仁东带着300多幅卫星遥感图，亲自率领团队跋涉在中国西南地区的大山里，先后对比了1 000多个洼地，花了整整12年的时间。最终，他将目光锁定在贵州省的一个喀斯特洼坑。从选址、立项、建设到项目落成启用，南仁东扎根贵州深山22年，他以矢志不渝、锐意创新的精神给我国天文事业留下瑰宝。南仁东给自己和世界写下了这样几句诗：“美丽的宇宙太空以它的神秘和绚丽，召唤我们踏过平庸，进入它无垠的广袤。”“中国天眼”是他留给祖国的骄傲。

实训目标

（1）通过电控双气缸的综合动作回路，了解压力控制、速度控制和方向控制的相关控制元件的作用。

（2）熟悉气压传动的基本工作原理及气压系统的继电器控制。

任务一　气动基础实训

任务介绍

一、实训目的

（1）认识二位三通电磁换向阀、减压阀、单电控二位三通电磁换向阀、单电控二位五通电磁换向阀、单向节流阀、双作用气缸等气动元件的实物及其符号；

（2）熟悉气动元件及其在系统中的作用；

（3）掌握调压回路、换向回路、节流调速回路、差动快速回路等基本回路的工作原理及特点；

（4）熟悉双缸顺序动作回路的实训步骤。

二、实训器材

（1）空气压缩机；

（2）THPHDW-01 液压与气动综合实训系统；

（3）减压阀；

（4）单电控二位五通电磁换向阀；

（5）单向节流阀；

（6）单电控二位三通电磁换向阀；

（7）二位三通电磁换向阀；

（8）双作用气动缸；

（9）气管及连接导线若干；

（10）内六角扳手。

任务分析

根据实训任务要求，通过掌握电控双气缸的综合动作回路，了解压力控制、速度控制和方向控制等相关控制元件的作用，进一步熟悉气压传动的基本工作原理及气压系统的继电器控制。

相关知识

1. 气动元件及其在系统中的作用

气动元件是通过气体的压强或膨胀产生的力来做功的元件，即将压缩空气的弹

性能量转换为动能的机件，如气缸、气动马达、蒸汽机等。气动元件是一种动力传动形式，亦为能量转换装置，其主要利用气体压力来传递能量。

2. 气动基本回路及继电器控制原理

气动自动控制技术利用压缩空气作为传递动力或信号的工作介质。配合气动控制系统的主要气动元件与机械、液压、电气、电子（包含PLC控制器和微电脑）等部分或全部综合构成控制回路，使气动元件按生产工艺要求的工作状况，自动按设定的顺序或条件完成动作。用气动自动控制技术实现生产过程自动化，是工业自动化的一种重要技术手段，也是一种低成本自动化技术。

实践操作

双缸动作气动系统图如图5-1所示。

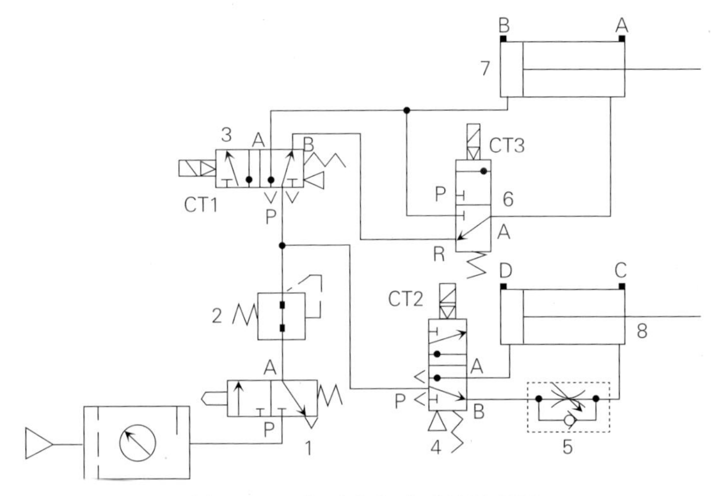

图5-1　双缸动作气动系统示意图

1—二位三通电磁换向阀　2—减压阀　3、4—单电控二位五通电磁换向阀
5—单向节流阀　6—单电控二位三通电磁换向阀　7、8—双作用气缸

1. 气动回路的连接

（1）根据图5-1所示双缸动作气动系统图的结构和组成，在THPHDW-01液压与气动综合实训系统上安装二位三通电磁换向阀、减压阀、单电控二位五通电磁换向阀、单向节流阀、单电控二位三通电磁换向阀，并检查其功能是否完好。

（2）根据图5-1所示双缸动作气动系统图的工作原理，连接并固定管件。

（3）确认管件连接处密封性是否良好。

2. 气动系统调试

（1）调压回路：打开放气阀，首先调节气动三联件的减压阀调节旋钮，得到一个压力值（即系统压力），然后调节系统中减压阀2的调节旋钮，系统的压力随之变化（压力值比系统压力值要低）。

（2）换向回路：打开放气阀，CT1得电，缸7前进，CT1失电，缸7后退；CT2得电，缸8前进，CT2失电，缸8后退。

（3）节流调速回路：打开放气阀，调节节流阀5的开度，缸8在退回时有不同的速度。

（4）差动快速回路：CT1得电时，缸7正常前进，CT1和CT3都得电，缸7快速前进。

3.恢复设备

（1）先关闭空气压缩机的红色按钮，再关闭空气压缩机的总阀门。

（2）拆卸所搭接电气接线，并整理归位四工位架。

（3）拆卸所搭接的气压管件，并将气压元件、气管等整理归位。

4.工艺要求及注意事项

（1）气压元件安装要牢固，不能出现松动。

（2）安装前检查气压阀密封圈有无脱落，是否过度磨损、老化、失去弹性。

（3）安装前检查接线是否断路，接线接头接入要牢固。

（4）管路连接要可靠，气管快速接口接入要牢固。

（5）管路走向要合理，避免管路交叉。

（6）操作过程要安全、文明、规范。

思考与练习

根据此实训任务了解气动工作原理，熟悉气动元件及其在系统中的作用，初步了解气动基本回路及继电器控制原理。

任务一工单　气动基础实训

1.任务分组

班级		组号		指导老师	
组长		学号			
小组成员	姓名	学号	角色分工		
			监护人员		
			操作人员		
			记录人员		
			评分人员		

2.任务准备清单

任务内容	任务要求	验收方式
熟悉气动元件	掌握二位三通电磁换向阀、减压阀、单电控二位五通电磁换向阀、单电控二位三通电磁换向阀、单向节流阀、双作用气缸的工作原理、图形符号、实物元件。	材料提交
掌握气动基本回路	掌握调压回路、换向回路、节流调速回路、差动快速回路的工作原理及特点。	材料提交
双缸顺序动作回路	能够使用不同的控制方式实现双缸顺序动作回路的实训步骤。	材料提交
双缸同步动作回路	能够使用不同的控制方式实现双缸同步动作回路的实训步骤。	材料提交

3.任务实施清单

任务	内容
写出气动元件的工作原理，并画出图形符号	

任务	内容
写出气动基本回路的工作原理，并画出图形符号	
分析图 5-1 所示双缸动作气动系统图	
根据此实训任务尝试不同的控制方式实现双缸顺序动作回路及双缸同步动作回路的设计	

4.安装调试记录单

主要内容	实施情况	完成情况
工具准备		
气压泵 选用及检查		
双缸顺序 动作回路及 双缸同步 动作回路 安装调试		
恢复设备		

5. 检查记录工作单

检查项目	检查内容	评分标准		记录
资讯确认清单检查	内容准确、完备	完美	3分	
		完成	2分	
		完成一部分	1分	
		未完成	0分	
安装调试检查	安装调试记录单完成情况	酌情给分	1分	
	元件安装情况(元件安装是否牢固,元件选用是否错误,是否存在漏接、脱落、漏油)	酌情给分	3分	
	布线情况(布局是否合理、长度是否合理、有无扎绑或扎绑不到位)	酌情给分	1分	
	油路情况(油路是否通畅、调试是否正确)	酌情给分	1分	
文明实训	工具、元器件是否整齐摆放;是否及时清理工位;是否遵守劳动纪律;是否遵循操作规范;是否具有安全操作意识	酌情给分	1分	
成绩合计				

6. 实训中存在的问题及改进

任务二　气动压力控制回路

任务介绍

一、实训目的

（1）认识空气压缩机、减压阀、气动三联件、二位五通电磁换向阀、双作用气动缸等气压元件实物及其符号；

（2）熟悉空气压缩机、气动三联件、二位五通电磁换向阀、双作用气动缸等气压元件的工作原理；

（3）能够根据气动系统示例图，说出整个系统采用的气动元件的名称、数量；

（4）能够按动作要求模拟出气动系统图；

（5）能够绘制气缸动作控制的位移—步骤图；

（6）掌握气动压力控制回路的工作原理及特点；

（7）熟悉实训设备、气动元件、管路、电气控制回路等的连接、固定方法和操作规则。

二、实训器材

（1）空气压缩机；

（2）THPHDW-01液压与气动综合实训系统；

（3）减压阀；

（4）气动三联件；

（5）二位五通电磁换向阀；

（6）双作用气动缸；

（7）气管及连接导线若干；

（8）内六角扳手。

任务分析

根据实训任务要求，掌握气压元件符号及工作原理，能够根据气压压力控制回路原理图，使用对应的气压元件搭建气压回路，并能熟练地调试气动压力控制回路。

相关知识

1.空气压缩机的工作原理

空气压缩机用以产生压缩空气，为减少进入空气压缩机中的气体杂质，其吸气口装有空气过滤器。空气压缩机是气源装置的核心，用以将原动机输出的机械能转化为气体的压力能输送给气动系统。

2.气动三联件的工作原理

气动三联件：油雾器、减压阀、分水滤气器。气动三联件的安装连接次序依次为：分水滤气器、减压阀、油雾器。多数情况下三联件组合使用，也可以少于三件，只用两件或一件。

3.减压阀的工作原理

减压阀通常用于调整或控制气压的变化，确保压缩空气减压后稳定在需要值，又称为调压阀，一般与分水滤气器、油雾器共同组成气动三联件。对低压系统则需用高精度的减压阀——定值器。

实践操作

气动压力控制回路如图5-2所示。

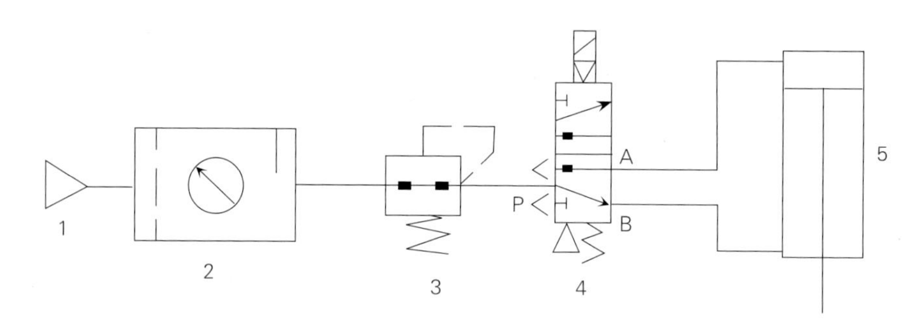

图5-2　气动压力控制回路示意图

1—空气压缩机　2—气动三联件　3—减压阀

4—二位五通电磁换向阀　5—单向调速阀　6—双作用气动缸

1.气压回路的连接

（1）根据图5-2气动压力控制回路的结构和组成，在THPHDW-01液压与气动综合实训系统上安装二位五通电磁换向阀、减压阀、双作用气动缸，并检查其功能是否完好。

（2）根据图5-2所示气动压力控制回路工作原理，连接并固定管件。

（3）确认管件连接处密封性是否良好。

2.连接二位五通电磁换向阀的控制电路

在THPHDW-01液压与气动综合实训平台的电气操作面板上找到二位五通电磁换向阀电源接口，给其接入24 V电源，通过按钮控制二位五通电磁换向阀的换向。电气控制原理图如图5-3所示。

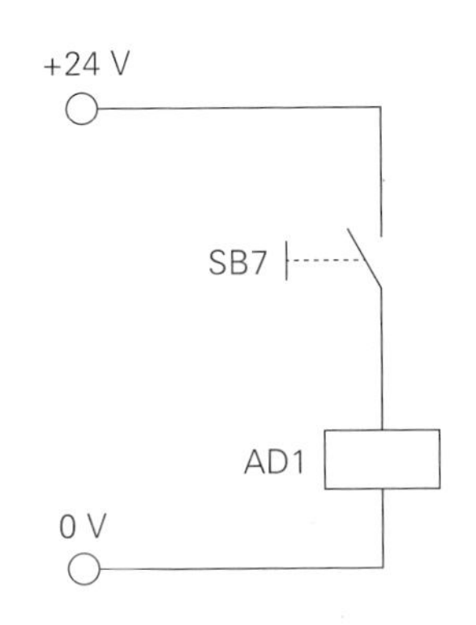

图5-3　二位五通电磁换向阀换向电气控制原理图

3.气压系统调试

（1）给空气压缩机通电，为系统提供压缩空气，并将空气压缩机压力表示值调节为5 MPa。

（2）调节减压阀旋钮，压力表示值为3.2 MPa。

（3）将“SB7”按钮按下，二位五通电磁换向阀电磁铁得电，双作用气动缸伸出；将“SB7”按钮松开，二位五通电磁换向阀电磁铁失电，双作用气动缸缩回。

4.恢复设备

（1）先关闭空气压缩机的红色按钮，再关闭空气压缩机的总阀门。

（2）关闭二位五通电磁换向阀24 V控制电源。

（3）拆卸所搭接电气接线，并整理归位四工位架。

（4）拆卸所搭接的气压管件，并将气压元件、气管等整理归位。

5.工艺要求及注意事项

（1）气压元件安装要牢固，不能出现松动。

（2）安装前检查气压阀密封圈有无脱落，是否过度磨损、老化、失去弹性等。

（3）安装前检查接线是否断路，接线接头接入要牢固。

（4）管路连接要可靠，气管快速接口接入要牢固。

（5）管路走向要合理，避免管路交叉。

（6）操作过程要安全、文明、规范。

思考与练习

根据此实训任务尝试完成气动二级调压力控制回路的设计。

任务二工单　气动压力控制回路

1. 任务分组

班级		组号		指导老师	
组长		学号			
小组成员	姓名	学号	角色分工		
			监护人员		
			操作人员		
			记录人员		
			评分人员		

2. 任务准备清单

任务内容	任务要求	验收方式
熟悉液压元件	(1)掌握空气压缩机、减压阀、气动三联件、二位五通电磁换向阀、双作用气动缸的工作原理、图形符号、实物元件； (2)掌握气动压力控制回路的工作原理； (3)掌握气压回路元件名称、作用； (4)掌握气压回路的分析方法。	材料提交
气动压力控制回路的安装与调试	(1)操作过程符合安全操作规范； (2)回路安装要正确、完整、安全、可靠； (3)系统回路的调定。	成果展示

3. 任务实施清单

任务	内容
写出减压阀的工作原理，并画出图形符号	

任务	内容
写出气动三联件的工作原理，并画出图形符号	
分析图 5-2 所示气动压力控制回路	
根据此实训任务尝试气动二级调压力控制回路的设计	

4. 安装调试记录单

主要内容	实施情况	完成情况
工具准备		
气压元件选用及检查		
气动压力控制回路安装调试		
恢复设备		

5. 检查记录工作单

检查项目	检查内容	评分标准		记录
资讯确认清单检查	内容准确、完备	完美	3分	
		完成	2分	
		完成一部分	1分	
		未完成	0分	
安装调试检查	安装调试记录单完成情况	酌情给分	1分	
	元件安装情况(元件安装是否牢固,元件选用是否错误,是否存在漏接、脱落、漏油)	酌情给分	3分	
	布线情况(布局是否合理、长度是否合理、有无扎绑或扎绑不到位)	酌情给分	1分	
	油路情况(油路是否通畅、调试是否正确)	酌情给分	1分	
文明实训	工具、元器件是否整齐摆放;是否及时清理工位;是否遵守劳动纪律;是否遵循操作规范;是否具有安全操作意识	酌情给分	1分	
成绩合计				

6. 实训中存在的问题及改进

任务三　气动方向控制回路

任务介绍

一、实训目的

（1）了解手动控制单气控二位五通电磁换向阀；

（2）掌握双作用气缸换向回路的工作原理；

（3）熟悉各元件在回路中的作用。

二、实训器材

（1）空气压缩机；

（2）THPHDW-01液压与气动综合实训系统；

（3）气动三联件；

（4）二位五通电磁换向阀；

（5）双作用气动缸；

（6）气管及连接导线若干；

（7）内六角扳手。

任务分析

根据气动方向控制系统回路图，把所需的气动元件有布局地卡在铝型台面上；再用气管将它们连接在一起，组成回路；仔细检查后，打开气泵的放气阀测试气动方向。

相关知识

1.气动方向控制回路原理

气动方向控制回路由气源、执行器、传感器、控制器和反馈信号等组成，基于气体在管道中的流动特性和压力变化，通过改变气流的速度、压力、方向等参数，从而控制执行器的位置或动作。利用各种方向控制阀可以对单作用、双作用执行元件进行换向控制。

2.双作用气缸换向工作原理

双作用气缸的换向回路是指通过控制气门，使气缸的进气和排气口与压缩空气或排气口相互连接，从而改变气缸的运动方向。

实践操作

手动控制单气控二位五通电磁换向阀实现双作用气缸换向回路如图5-4所示。

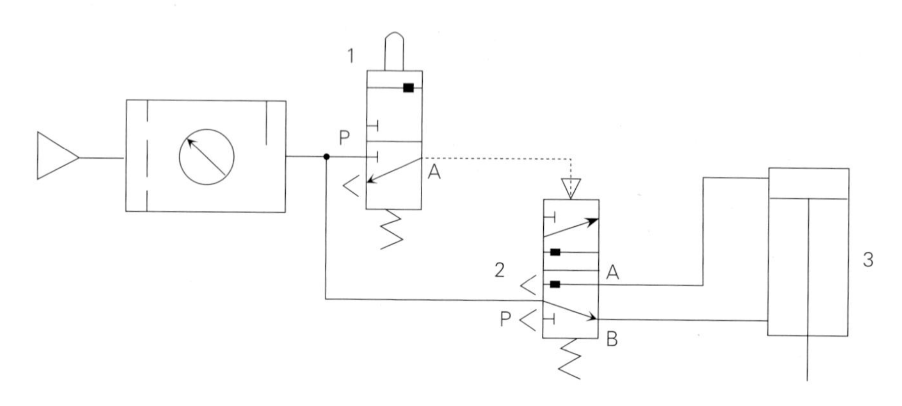

图5-4　手动控制单气控二位五通电磁换向阀实现双作用气缸换向回路示意图

1—二位三通电磁换向阀　2—二位五通电磁换向阀　3—双作用气缸

1.气压回路的连接

（1）根据图5-4手动控制单气控二位五通电磁换向阀实现双作用气缸换向回路的结构和组成，在THPHDW-01液压与气动综合实训系统上安装二位三通电磁换向阀、二位五通电磁换向阀和双作用气缸，并检查其功能是否完好。

（2）根据图5-4所示手动控制单气控二位五通电磁换向阀实现双作用气缸换向回路工作原理，连接并固定管件。

（3）确认管件连接处密封性是否良好。

2.气压系统调试

（1）打开气泵放气阀，压缩空气进入气动三联件，调节减压阀，使压力表示值为0.4 MPa，气缸首先退回。

（2）手旋旋钮式阀1，气路到二位五通电磁换向阀2的控制端，二位五通电磁换向阀2换向，气缸前进。

（3）复位阀1，气缸退回。

（4）观察气动系统工作是否跟原理图相符。

3.恢复设备

（1）先关闭空气压缩机的红色按钮，再关闭空气压缩机的总阀门。

（2）拆卸所搭接电气接线，并整理归位四工位架。

（3）拆卸所搭接的气压管件，并将气压元件、气管等整理归位。

4.工艺要求及注意事项

（1）气压元件安装要牢固，不能出现松动。

（2）安装前检查气压阀密封圈有无脱落，是否过度磨损、老化、失去弹性等。

（3）安装前检查接线是否断路，接线接头接入要牢固。

（4）管路连接要可靠，气管快速接口接入要牢固。

（5）管路走向要合理，避免管路交叉。

（6）操作过程要安全、文明、规范。

思考与练习

根据此实训任务尝试完成双缸顺序动作回路的设计。

任务三工单　气动方向控制回路

1. 任务分组

班级		组号		指导老师	
组长		学号			
小组成员	姓名	学号	角色分工		
			监护人员		
			操作人员		
			记录人员		
			评分人员		

2. 任务准备清单

任务内容	任务要求	验收方式
熟悉气缸换向回路	(1)掌握手控二位三通电磁换向阀、电控二位三通电磁换向阀、气控二位三通电磁换向阀的工作原理、图形符号、实物元件； (2)掌握气动换向控制回路的工作原理； (3)掌握气压回路元件名称、作用； (4)掌握气压回路的分析方法。	材料提交
以手动控制单气控二位五通电磁换向阀实现双作用气缸换向回路为例(图5-4)，完成操作	(1)操作过程符合安全操作规范； (2)换向回路安装要正确、完整、安全、可靠； (3)系统回路的调定。	成果展示

3. 任务实施清单

任务	内容
写出图 5-4 所示手动控制单气控二位五通电磁换向阀实现双作用气缸换向回路工作原理	

4. 安装调试记录单

主要内容	实施情况	完成情况
工具准备		

主要内容	实施情况	完成情况
方向控制回路元件选用及检查		
气动方向控制回路安装调试		
恢复设备		

5. 检查记录工作单

<table>
<tr><th>检查项目</th><th>检查内容</th><th colspan="2">评分标准</th><th>记录</th></tr>
<tr><td rowspan="4">资讯确认清单检查</td><td rowspan="4">内容准确、完备</td><td>完美</td><td>3分</td><td rowspan="4"></td></tr>
<tr><td>完成</td><td>2分</td></tr>
<tr><td>完成一部分</td><td>1分</td></tr>
<tr><td>未完成</td><td>0分</td></tr>
<tr><td rowspan="4">安装调试检查</td><td>安装调试记录单完成情况</td><td>酌情给分</td><td>1分</td><td></td></tr>
<tr><td>元件安装情况(元件安装是否牢固,元件选用是否错误,是否存在漏接、脱落、漏油)</td><td>酌情给分</td><td>3分</td><td></td></tr>
<tr><td>布线情况(布局是否合理、长度是否合理、有无扎绑或扎绑不到位)</td><td>酌情给分</td><td>1分</td><td></td></tr>
<tr><td>油路情况(油路是否通畅、调试是否正确)</td><td>酌情给分</td><td>1分</td><td></td></tr>
<tr><td>文明实训</td><td>工具、元器件是否整齐摆放;是否及时清理工位;是否遵守劳动纪律;是否遵循操作规范;是否具有安全操作意识</td><td>酌情给分</td><td>1分</td><td></td></tr>
<tr><td colspan="4">成绩合计</td><td></td></tr>
</table>

6. 实训中存在的问题及改进

任务四　气动速度控制回路

任务介绍

一、实训目的

（1）了解速度可变的意义；

（2）了解气缸实现速度可变的手段和方法；

（3）了解节流阀在速度控制回路中的应用及工作原理。

二、实训器材

（1）空气压缩机；

（2）THPHDW-01液压与气动综合实训系统；

（3）单向节流阀；

（4）气动三联件；

（5）二位三通电磁换向阀；

（6）单作用气动缸；

（7）气管及连接导线若干；

（8）内六角扳手。

任务分析

根据气动速度控制系统回路图，把所需的气动元件有布局地卡在铝型台面上，再用气管将它们连接在一起，组成回路。

相关知识

1.气缸实现速度可变的手段和方法

（1）手动调节

气缸的可调速度是指其行程速度可以通过调节阀门的开度来实现。手动调节是最常见的气缸速度调节方法之一。一般来说，手动调节方式适用于简单的气压控制系统，可以通过手动旋转调节阀门来控制气缸的行程速度。不过，这种方式在调节过程中误差较大。

（2）数字控制调节

数字控制调节是一种智能化气缸速度调节方式。数字控制器可以根据预设的目标速度和压力设定，通过控制电磁换向阀的电信号，自动调节气缸的速度。这种方式通过数字控制器，可以实现精确的气缸速度调节和自动化控制。

2. 单作用气缸工作原理

单作用气缸的工作原理主要依赖于压缩空气对气缸内部活塞施加压力，实现单向运动。当压缩空气通过进气口进入气缸的一侧时，产生的压力推动活塞向另一侧移动，从而执行工作。气缸的另一侧则通过弹簧或类似的外力回到原始位置，完成一个完整的工作循环。

实践操作

手动阀控制双向速度调节回路如图5-5所示。

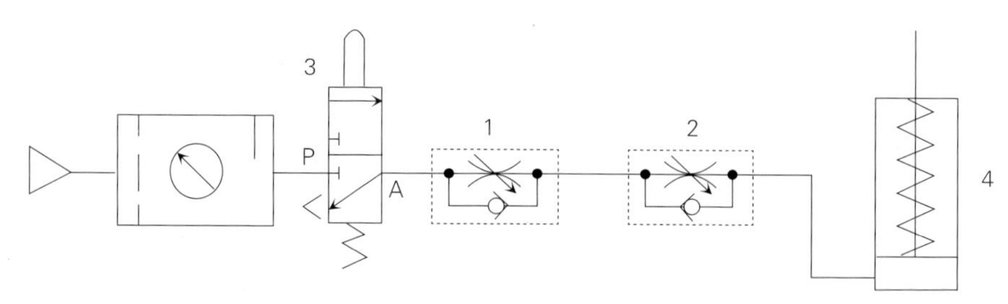

图5-5　手动阀控制双向速度调节回路示意图

1，2—单向节流阀　3—二位三通电磁换向阀　4—单作用气缸

1. 气压回路的连接

（1）根据图5-5手动阀控制双向速度调节回路的结构和组成，在THPHDW-01液压与气动综合实训系统上安装二位三通电磁换向阀、单向节流阀和单作用气缸，并检查其功能是否完好。

（2）根据图5-5手动阀控制双向速度调节回路工作原理，连接并固定管件。

（3）确认管件连接处密封性是否良好。

2. 气压系统调试

（1）打开气泵的放气阀，压缩空气进入气动三联件，调节减压阀，使压力表示值为0.4 MPa后，手旋旋钮式阀3，此时单向节流阀1起作用，调节阀1单作用气缸4的前进速度可变。

（2）当旋钮式阀复位后，此时单向节流阀2起作用，调节阀2气缸4在弹簧的作用下，退回的速度也可变。

（3）实现双向可调速的目的。

3. 恢复设备

（1）先关闭空气压缩机的红色按钮，再关闭空气压缩机的总阀门。

（2）拆卸所搭接电气接线，并整理归位四工位架。

（3）拆卸所搭接的气压管件，并将气压元件、气管等整理归位。

4.工艺要求及注意事项

（1）气压元件安装要牢固，不能出现松动。

（2）安装前检查气压阀密封圈有无脱落，是否过度磨损、老化、失去弹性等。

（3）安装前检查接线是否断路，接线接头接入要牢固。

（4）管路连接要可靠，气管快速接口接入要牢固。

（5）管路走向要合理，避免管路交叉。

（6）操作过程要安全、文明、规范。

思考与练习

根据气动回路知识，设计汽车自动开门气动回路。

任务四工单　气动速度控制回路

1.任务分组

班级		组号		指导老师	
组长		学号			
小组成员	姓名	学号	角色分工		
			监护人员		
			操作人员		
			记录人员		
			评分人员		

2.任务准备清单

任务内容	任务要求	验收方式
熟悉单作用气缸	(1)单向节流阀调节单作用气缸进气速度回路; (2)单向节流阀实现进气调速; (3)手动阀控制双向速度调节回路; (4)电控阀控制双向速度调节回路; (5)快速排气阀速度控制回路; (6)电控快速排气阀速度控制回路。	材料提交
熟悉双作用气缸	(1)单向节流阀实现排气调速; (2)单向节流阀实现进气调速; (3)慢进快退调速回路; (4)快进慢退调速回路; (5)电气控制实现单向节流阀进气调速; (6)机械阀控制实现单向节流阀进气调速; (7)电气控制实现快进慢退调速回路; (8)电气控制实现慢进快退调速回路。	成果展示
熟悉快速回路	(1)高速动作回路; (2)电气控制实现高速动作回路; (3)手控阀实现高速动作回路。	成果展示
熟悉缓冲回路	二位五通电磁换向阀缓冲回路	成果展示

3. 任务实施清单

任务	内容
根据图 5-5 手动阀控制双向速度调节回路图写出工作原理	

4. 安装调试记录单

主要内容	实施情况	完成情况
工具准备		

主要内容	实施情况	完成情况
气动速度控制回路元件的选用及检查		
气动速度控制回路的安装调试		
恢复设备		

5. 检查记录工作单

检查项目	检查内容	评分标准		记录
资讯确认清单检查	内容准确、完备	完美	3分	
		完成	2分	
		完成一部分	1分	
		未完成	0分	
安装调试检查	安装调试记录单完成情况	酌情给分	1分	
	元件安装情况(元件安装是否牢固,元件选用是否错误,是否存在漏接、脱落、漏油)	酌情给分	3分	
	布线情况(布局是否合理、长度是否合理、有无扎绑或扎绑不到位)	酌情给分	1分	
	油路情况(油路是否通畅、调试是否正确)	酌情给分	1分	
文明实训	工具、元器件是否整齐摆放;是否及时清理工位;是否遵守劳动纪律;是否遵循操作规范;是否具有安全操作意识	酌情给分	1分	
成绩合计				

6. 实训中存在的问题及改进